室内设计
手绘效果表现
（第2版）

刘泽宇　张恒国　著

清华大学出版社
北京交通大学出版社
·北京·

U0234927

内 容 简 介

　　手绘是设计师最传统、最快捷、最方便实用的一种交流工具，已经成为广大室内设计师的首选。本书以理论为基础，以操作为目标，注重培养实际操作技能和应用能力，理论和实践相结合，真正做到"学以致用"。

　　本书通过大量精选的案例，详尽的图示讲解和步骤说明，以及相关案例的绘制流程和表现方法，系统介绍了手绘的基本技法及在室内设计领域的应用。主要内容包括手绘概述与工具，透视原理，手绘基础，单体线稿表现，室内线稿表现，马克笔上色方法，单体上色入门，组合局部上色表现，简单空间表现，家居空间表现，家居立面、平面表现，商业空间表现和手绘表现作品欣赏。本书结构清晰，实例丰富，分析讲解透彻，实例针对较强，由浅入深，循序渐进，以手绘的实际应用为出发点，系统讲解了手绘表现技法和应用，着重阐述了室内设计效果图的表现过程和方法。

　　本书可以作为普通高等院校的室内设计、装潢设计、园林规划、建筑工程、产品设计及计算机艺术设计相关专业学生的教材，也可以作为装饰公司、房地产公司及建筑设计行业从业人员的参考书。

图书在版编目(CIP)数据

室内设计手绘效果表现/刘泽宇，张恒国著. 2版.—北京：北京交通大学出版社：清华大学出版社，2017.1（2020.3修订）
ISBN 978-7-5121-2873-6

I. ① 室⋯　II. ① 刘⋯ ② 张⋯　III. ① 室内装饰设计-建筑构图-绘画技法　IV. ①TU204

中国版本图书馆CIP数据核字（2016）第237169号

室内设计手绘效果表现
SHINEI SHEJI SHOUHUI XIAOGUO BIAOXIAN

责任编辑：韩素华
出版发行：清 华 大 学 出 版 社　　　　邮编：100084　　电话：010-62776969
　　　　　北京交通大学出版社　　　　　邮编：100044　　电话：010-51686414
印 刷 者：艺堂印刷（天津）有限公司
经　　销：全国新华书店
开　　本：260 mm×185 mm　　印张：14　　字数：350千字
版 印 次：2011年1月第1版　　2017年1月第2版　　2020年3月第3次印刷
书　　号：ISBN 978-7-5121-2873-6/TU·155
印　　数：7 001～10 000册　　定价：68.00元

本书如有质量问题，请向北京交通大学出版社质监组反映。对您的意见和批评，我们表示欢迎和感谢。
投诉电话：010-51686043, 51686008；传真：010-62225406；E-mail: press@bjtu.edu.cn。

前　言

随着室内设计行业的不断发展，手绘表现日益受到设计师的重视和青睐，其重要性也不言而喻。手绘提升了设计师对室内、室外空间的设计能力，也是各大院校环境艺术设计专业必修的基础课程。手绘对于室内设计师是必不可少的"视觉语言"，熟练地运用环境艺术设计的表达方法，通过对透视比例、空间尺度、材质、气氛、色彩心理等因素的把握，使设计师完成从"意"到"图"的设计构思与设计实践的升华。

手绘效果图是设计师用来表达设计意图并与客户进行方案沟通的媒介，它既是一种语言，又是设计的组成部分。学习手绘的目的是通过对构图与透视技巧、空间表达、色彩关系等的综合来呈现设计思想。相比于计算机表现，手绘表现图绘制所用工具、材料的选择余地较大，且表现手法灵活多变，风格效果也各不相同。设计师通过手绘能够淋漓尽致地展现出其所要表达的设计意图与独特的个性特质，手绘作品往往成为设计师设计思想的外在表现。

本书以学习室内设计表现基础为主线，以图文并茂的形式详细阐述了徒手绘制表现图的技法和过程，使读者循序渐进地了解室内设计绘图与着色的步骤和过程。本书通过对室内手绘表现技法的详细阐述和步骤分解，帮助热衷于手绘表现的室内设计师、环境艺术设计专业的学生及设计表现的初学者学习并掌握手绘表现的基本技法要领，为学习者提高手绘表现水平提供有效的帮助。

本书针对室内设计专业教学要求及环境艺术设计、室内设计等专业在现今市场上的特点，考虑学生的实际情况，结合教学实践，着重强调掌握手绘表现的基础训练，练习现行实用的技法，使本书的内容更具有指导性和实用性。本书适用于普通高等院校的环境艺术设计、室内设计、工业设计等相关专业的学生作为教材，还可为从事相关专业的设计师提供借鉴。

本书由刘泽宇、张恒国著，参与本书资料收集和文字整理工作的还有陈鑫、晁清、刘娟娟、杨超、王建、李素珍、李松林、邹晨、魏欣、胡莹、郑刚、何苏沫、王宏文、陈戈等，在此深表感谢！同时，由于作者水平有限，不足之处在所难免，恳请广大读者指正。

著　者
2016 年 11 月

目　录

第1章 手绘概述与工具

1.1 手绘表现的艺术价值和魅力

　　室内设计手绘表现是视觉造型最基本的工具与手段，在现代室内设计界正日益受到设计师们的重视和青睐。手绘是设计师表达情感、表现设计理念、表诉方案结果最直接的"视觉语言"。设计师通过手绘能够淋漓尽致地展现出其所要表达的设计意图与独特的个性特质。室内设计的手绘作品往往成为设计师设计思想的外在表现。室内设计表现是室内设计的重要组成部分，室内设计表现效果图是设计者以绘画的形式代替语言进行表达、交流，是图形表达设计意图的重要手段，也是各大院校环境艺术设计专业必修的基础课程，同时，室内设计手绘业已成为设计类基础教学里的独立学科。

1.2 手绘学习方法和步骤

1. 手绘学习方法

　　学习手绘表现有其自身的规律性，抓住规律才是学习的根本，这就要求学习者在学习室内手绘表现时保持良好的心态，树立正确的思想观，认认真真地按照教学计划去学习、训练，从而才能提高。

　　（1）勤于思考。学习手绘要有耐心和信心，集中学习和持之以恒相结合。学好手绘表现，先要完成一系列基础练习。要做到手、眼、脑之间的相互协调、相互配合，在学习过程中要结合手绘表现理论，勤于思考。唯有如此，才能迅速提高手绘表现能力。

　　（2）实践出真知。学习手绘表现是从量变到质变的过程，争取在有限的学习时间内完成几次质的飞跃。学习手绘表现的理论必须通过大量的实践才能真正理解，有所收获，这是一个与时俱进、相互推动、相互促进的学习过程。

2. 手绘学习步骤

　　手绘表现是一种语言，是表达"形"的技能，因此学习手绘表现如同学习其他形式的技能一样，需要遵循渐进的原则，有目标、有步骤地制订学习方案。争取在有限的时间内，熟练地掌握手绘表现的基本规则，以便用手中的工具得心应手地将头脑中的设计构思表达出来，快速、高效地表现出设计方案。学习手绘时，可以给自己制订一个计划，合理地安排每一时间段的学习计划。每天坚持一个小时或两个小时进行练习。

　　（1）先进行严谨的摹写练习，主要练习线条的曲滑流动性，寻求生动的线条魅力，同时要总结透视规律。

　　（2）把图放到旁边进行抄图练习。主要练习透视规律，清楚地表现图中线稿的结构关系和前后遮挡关系。

　　（3）找一些计算机效果图，用硫酸纸进行复制，主要锻炼把图转换成线稿的能力，同时还能锻炼对图的概括能力。

　　（4）对着计算机效果图或实景图进行勾画练习，这个阶段主要进行从图变成线稿的综合能力训练。

　　（5）进行上色练习。上色是个更概括、更系统的过程，要多练习，才能把握色彩的运用。

1.3 手绘工具

手绘的工具比较丰富,常见的如马克笔、钢笔、彩色铅笔、针管笔等。

1. 马克笔

马克笔作为手绘最重要的工具之一,广泛应用于各个设计专业的手绘表现,相对于颜料类色彩,省去了调色的麻烦,且部分质量好的品牌色彩透明、耐光性好、笔触融合性强,干后色彩稳定,适用于画面的大面积上色、材质表现及光影表现。马克笔一般分油性和水性两种。前者的颜料可用甲苯稀释,有较强的渗透力,尤其适合在描图纸(硫酸纸)上作图;后者的颜料可溶于水,通常用于在较致密的卡纸或铜版纸上作画。

水性马克笔的优点是色彩鲜亮且笔触界线明晰;缺点是重叠笔触会造成画面脏乱、洇纸。

油性马克笔的优点是色彩柔和,笔触优雅自然,加之淡化笔的处理,表现效果很到位;缺点是难以驾驭,需多画才行。

水性马克笔虽然比油性马克笔的色彩饱和度要差,但不同颜色的叠加效果非常好。在墨线稿上反复平铺,墨水泛上来与水性马克笔的颜色相混合,形成很漂亮的中间灰色。重的阴影用油性马克笔压上。故水性马克笔有几支基本色就可以了。

马克笔的色彩种类较多,且色彩的分布按照常用的频度分成几个系列,其中有常用的不同色阶的灰色系列,使用非常方便。它的笔尖一般有粗细两种,可以根据笔尖的不同角度,画出粗细不同效果的线条来。常见的马克笔品牌有Touch、法卡勒、斯塔等,Touch在国内使用范围较广。

有色系列推荐购买以下几种。

(1)多购买纯度适中的彩色系列,购买时注意同色系的明度选择(如挑选绘制木色马克笔,要考虑其亮部、灰面、暗部的明度变化)。

(2)尽量少购买颜色过于鲜艳的彩色系列,用得很少,如果画面中大面积使用过于鲜艳的颜色会过于火爆,而且画面颜色很难协调,可挑选常用的高明度纯色购买几支,用于画面的点缀。

灰色系列购买:各种品牌的马克笔通常有暖灰、冷灰各一套,条件允许可全套购买,也可根据颜色间接型号购买,如CG1/CG3/CG5/CG7。

马克笔

扁头马克笔

尖头马克笔

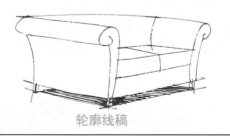

轮廓线稿

上色稿

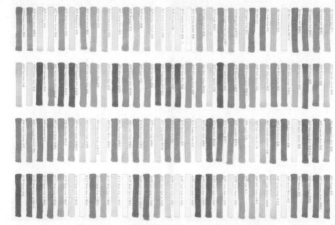

马克笔色谱

2. 提白工具

提白工具有修正液和提白笔两种，修正液用于大面积提白，提白笔用于细节精准提白。提白的位置一般用在受光最多、最亮的地方，如光滑材质、水体、灯光、交界线亮部结构处，还有就是画面很闷的地方，可以亮一点。注意，提白要在上彩铅之前，修正液则没有先后之分，用修正液的时候，要尽量画得饱满。

3. 彩色铅笔

常见的彩色铅笔品牌有马可、辉柏嘉、中华等。彩色铅笔广泛应用于各个设计专业的手绘表现，彩色铅笔的色彩种类从12色到48色不等，分为水溶性铅笔和普通彩铅两种。彩色铅笔使用起来简单方便、色彩稳定、容易控制，多配合马克笔用于刻画细节和过渡面，也可用来表现粗糙质感。水溶性铅笔可结合毛笔使用，用于大面积着色工作。

彩色铅笔

4. 勾线笔

勾线笔一般要求出墨流畅，墨线水性，易干，画出的线条不易扩散。比较常用的有针管笔，其笔头有粗细不同的型号，可以画出不同粗细的线条。另外，晨光牌的会议笔使用起来经济实用，可以用来练习画线，勾勒轮廓。不同的笔有不同的特点，要掌握其特点，发挥其优势，用来表现手绘。

5. 绘图纸张

纸的选择应随作图的形式来确定，绘图前必须熟悉各种纸的性能。

（1）素描纸：纸质较好，表面略粗，易画铅笔线，耐擦，稍吸水，宜作较深入的素描练习和彩色铅笔表现图。

（2）水彩纸：正面纹理较粗，蓄水力强，反面稍细，也可利用，耐擦，用途广泛，作精致描绘的表现图。

（3）水粉纸：较水彩纸薄，纸面略粗，吸色稳定，不宜多擦。

（4）绘图纸：纸质较厚，结实耐擦，表面较光。不适宜水彩，可适宜水粉，用于钢笔淡彩及马克笔、彩铅笔、喷笔作画。

（5）色纸：色彩丰富，品种齐全，多为进口纸，国内少数大城市有售，价格偏高，多为中性低纯度颜色，可根据画面内容选择适合的颜色基调。

勾线笔

6. 水彩颜料

水彩颜料比较常见，常见的品牌有梵高、马利、梦纳、温莎牛顿等。水彩颜料因颜色可调性，相对马克笔、彩铅的色彩更为丰富，深得广大设计师们的喜爱，其空间氛围的渲染比马克笔、彩铅也略胜一筹，不过在绘制过程中要注意颜色区域的控制。

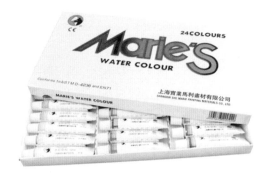

水彩颜料

课 后 练 习

1. 理解学习手绘表现的价值和意义。
2. 给学习手绘制订一个学习计划。
3. 了解马克笔的品牌、色系和价格。
4. 了解不同勾线笔的特点和使用方法。
5. 了解不同纸张和彩色铅笔的特点。

第2章 透视原理

2.1 透视概述

　　学习手绘，先要了解基本的透视原理。透视在表现空间时十分重要，是正确表现空间必须要掌握的基础知识。透视是手绘的基础知识，学习和理解透视，对于表现手绘效果十分有帮助。在室内设计手绘表现中，比较常用的是一点透视和两点透视。

1. 一点透视

　　一点透视在手绘中较常用，也是最简单的透视规律。一个物体上垂直于视平线的纵向延伸线都汇集于一个灭点（消失点），而物体最靠近观察点的面平行于视平面，这种透视关系叫一点透视，也叫平行透视。

　　一点透视的表现方法：首先在画面上画一条水平线（视平线），再画一条垂直线，相交点作为灭点，从灭点随便延伸出一条线，这条线就是将要画的物体的透视关系，然后在透视关系线和视平线之间画出所要绘制的物体。物体高度的变化根据透视线和视平线所成角度的变化而变化。当物体所处的位置不同时，画面中将表现出物体不同的面。

2. 两点透视

　　一个物体平行于视平线的纵向延伸线按不同方向分别汇集于两个灭点，物体最前面的两个面形成的夹角离观察点最近，这样的透视关系叫两点透视，也叫成角透视。

　　两点透视的表现方法：首先作一条地平线和一条垂直线，然后定好高度，在视平线的左右两端找出灭点，在灭点和高度点之间连线，在视平线和透视线之间画出建筑物的轮廓。随着视平线与透视线之间的角度变化不同，画面表现物体的形状也在改变。

　　两点透视的特点是有两个灭点，没有一个画面平行于画纸。在绘画中一点透视多用于室内表现，可以表现5个画面；两点透视多用于室外绘画，可以表现2个画面。

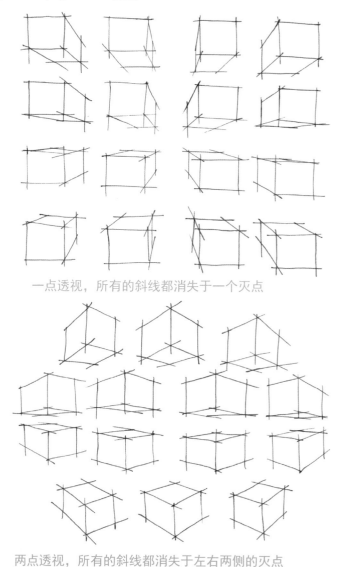

一点透视，所有的斜线都消失于一个灭点

两点透视，所有的斜线都消失于左右两侧的灭点

2.2 透视简单应用

在画室内线稿时,所有的线条都要按透视规律来画,不同的灭点可以形成不同的透视空间,下面是简易空间透视的练习。

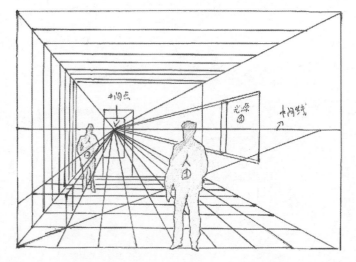

一点透视应用,线都消失于一点

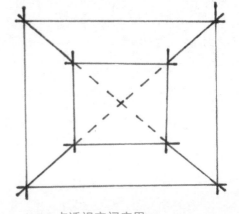

一点透视空间应用

灭点位于不同的位置时,一点透视的空间变化简单空间透视练习,有助于我们理解空间透视规律,将线条和空间表现准确,可以从整体上把握空间透视变化,为进一步表现完整的室内空间打好基础。

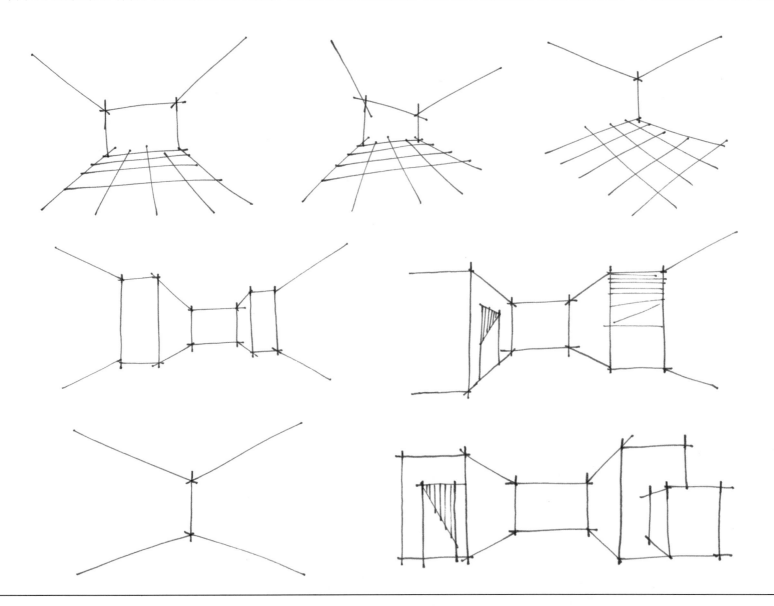

2.3 透视应用练习

下面是透视在手绘线稿中的应用。

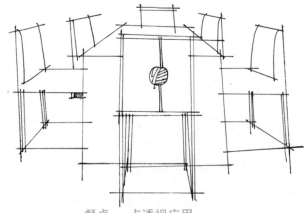

餐桌 一点透视应用

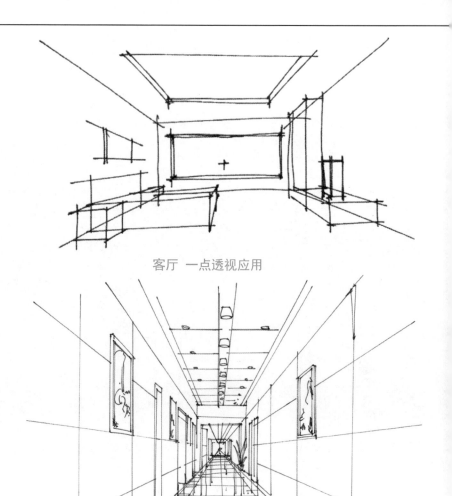

客厅 一点透视应用

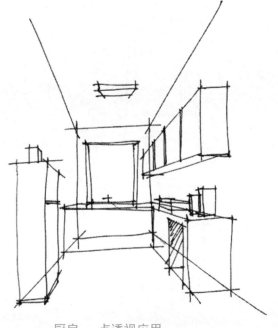

厨房 一点透视应用

走廊 一点透视应用

课后练习

1. 理解一点透视和两点透视的基本原理。
2. 练习用一点透视表现简单空间。
3. 参考本章相关图例，临摹室内空间，体会空间透视的表现方法。
4. 练习画一些简单空间，并注意透视的应用。

第3章 手绘基础

3.1 手绘中常见的线型

（1）徒手线：徒手线柔和而富有生机，可以很快地勾勒出小的物体。它能充分调动绘画者的右脑，让人更富有创造力。

（2）重复线：重复线是通过重复主线使物体产生三维效果，激发绘图者的创造力。

（3）结构线：结构线轻而细，用于初步勾勒物体轮廓框架。常使用结构线来推敲画面的整体布局，非常便于修改。

（4）连续线：连续线是一条快速绘出的、不停顿的线，用于快速勾勒物体轮廓。

（5）3-D线：粗细两条线离得很近时会产生三维的效果，有助于提高画面的质量。

（6）强调线：强调线用来强调物体的轮廓。由于强调线比较突出、随意，所以一般很少用在精细的作品中，但常用在平面、立面和剖面图中。

（7）顿-走-顿线：该线带有明确的起点和端点，使画面更加生动，而且使人产生线条粗细一致的错觉。

（8）出头线：出头线使形体看上去更加方正、鲜明而完整。画出头线显然比画刚好搭接的线来得容易而快捷，并可以使绘图显得更加轻松而专业。

（9）专业点：快速绘图时经常产生专业点，它使线条产生动感与活力，同时表示一段线条的完结，有点类似于句子中句号的作用。

（10）专业勾：线条中的一小段，可以用来表达物体上高光的效果，也有利于在画长线和曲线时的自然过渡。

（11）轮廓线：物体的轮廓线常用细线，稍微重一点，用来控制内部填充调子的线条，一般细而轻。

（12）变化线：变化线是一条粗细深浅都发生变化的线。它使画面显得很有立体感和真实感，常用来画树、人等有生命的物体。

（13）粗线：使用粗线可以产生均匀的表面，粗线有助于很快地完成大体画面，并产生光滑的效果。

（14）机械线：机械线是使用工具画出来的，干净而爽快，快速而精确。

（15）细线：使用细而轻的线条可以使画面变得柔和而生动。

（16）越界：当使用渐变效果时，有意让一些线条与物体的轮廓线交叉，这样可以使画面产生柔和而随意的效果。

（17）条纹线：条纹线用来刻画趣味中心，表现高光、深度、动感，可以打破呆板，也可以用来表达阴影和斜坡。条纹也能使画面更加流畅。

（18）点：点用来刻画纹理和细节，同时还能产生渐变效果。

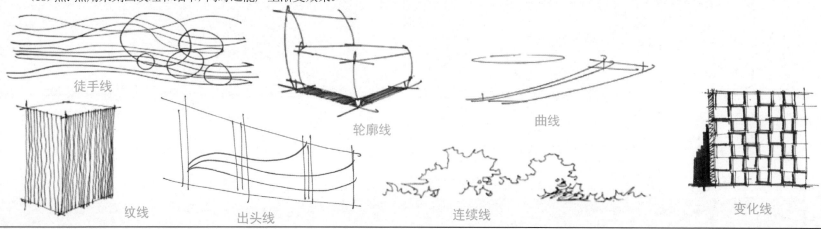

徒手线　　轮廓线　　曲线

纹线　　出头线　　连续线　　变化线

3.2 直线练习

直线在手绘表现中最为常见，线是表现手绘的基础和灵魂，在手绘中起着骨架的作用。大多形体都是由直线构筑而成的，因此，掌握好直线技法很重要。画出的线条要直并且干脆利落而又富有力度，所以，学习手绘需要从练习画线开始。多练习画线就能逐步提高徒手画线的能力，可以将线条画得既活泼又直。下面是画各种线要注意的问题。

1. 横线

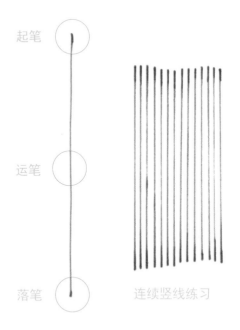

起笔　　　运笔　　　落笔

注意起点要稳，起笔时可以稍微有点"顿笔"

运笔过程不可求急

落笔也要稳

运笔的过程中，一定要心中有线，行笔要稳定

连续竖线练习

2. 竖线

在画竖线时，要注意起笔与落笔和横笔一样要"移"，运笔过程可匀速，不求快，要求稳，竖线相对难把握，练习的时候，速度可稍慢点，要体会"运笔的过程"。同时画线条要稳重、自信、力透纸背。练习成组的线条时，尽量每根线的起笔在同一条线上，落笔也是。

练习线条在于对线的把握、理解与熟悉，练习时心要静，不可浮躁，练习线条时要多思考，身体的姿势与手势摆放要注意是否舒服、协调。

画线条练习

先画出左右的竖线，然后练习画相同宽度的横线

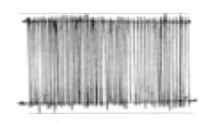

先画出上下的横线，然后练习画相同高度的竖线

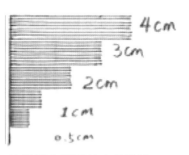

练习画出不同长度的横线

3. 水平线和垂直线

在练习画线时，水平线和垂直线可以一起练习来画。在画方格线时，要注意把握线条的水平和垂直程度，以及线条相交的结构感，开始练习时要画得慢一些，要多想、多分析。

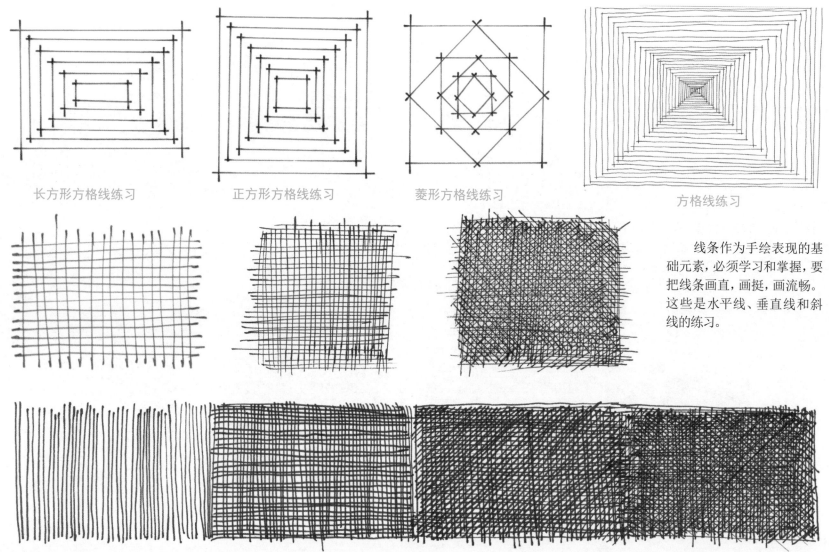

长方形方格线练习　　正方形方格线练习　　菱形方格线练习　　方格线练习

线条作为手绘表现的基础元素，必须学习和掌握，要把线条画直，画挺，画流畅。这些是水平线、垂直线和斜线的练习。

3.3 斜线训练

多练习不同角度的线条,对观察能力有很大的帮助,练习时,可画不同角度的线条锻炼自己,如15°、30°、45°、60°、75°等。

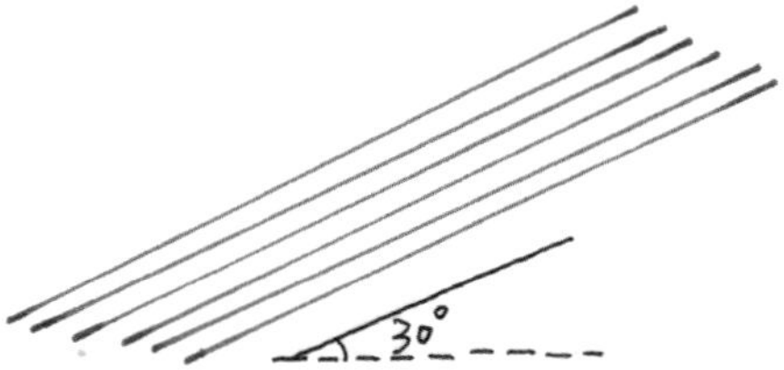

30° 斜线练习

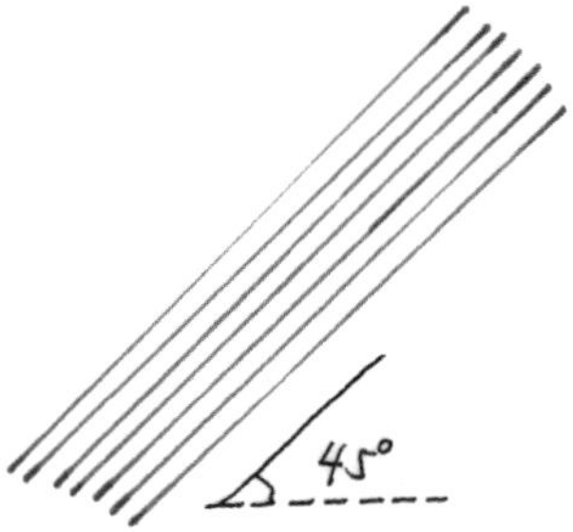

45° 斜线练习

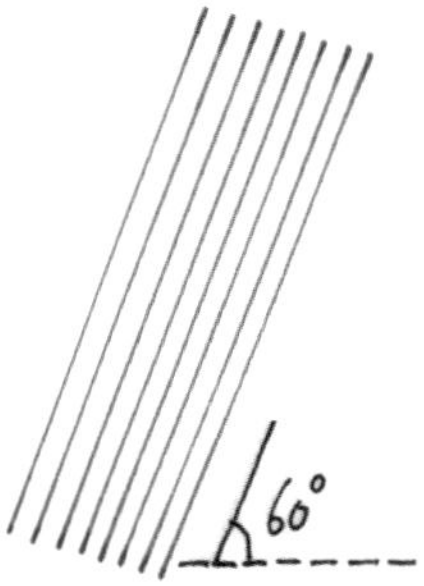

60° 斜线练习

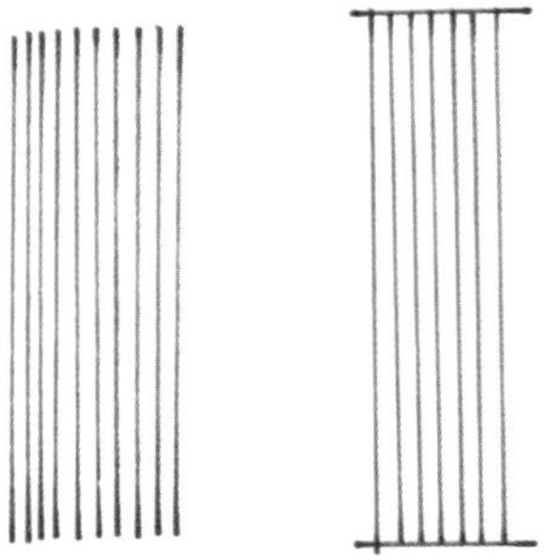

90° 竖线练习

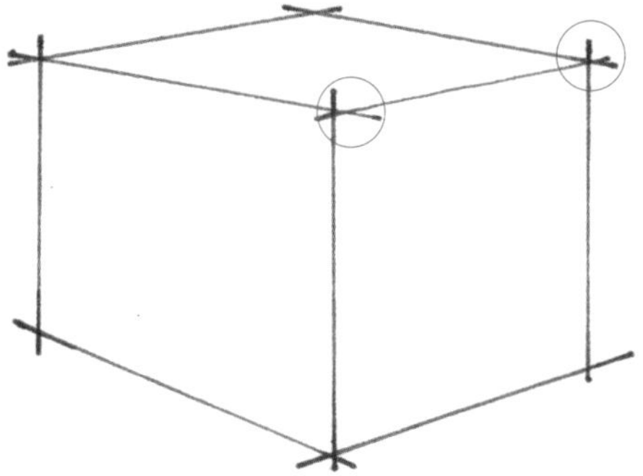

画时注意线与线的"搭接"

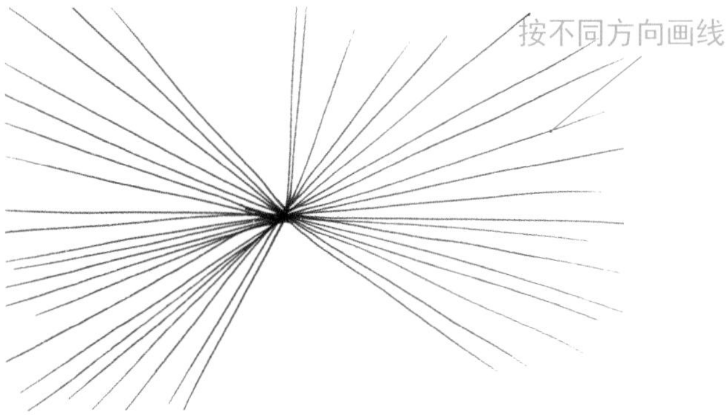

按不同方向画线

不同角度的斜线练习

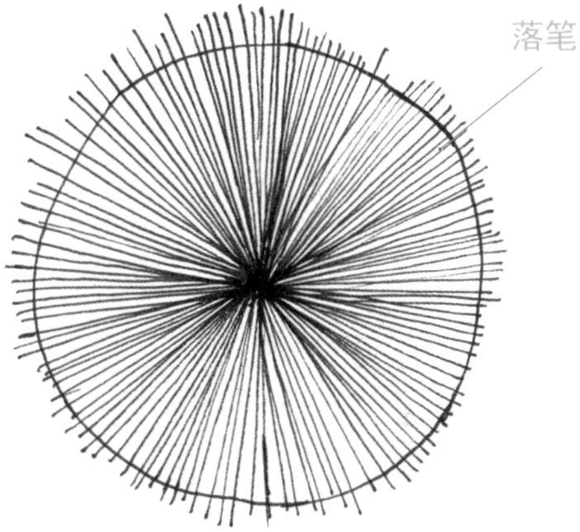

落笔

先画圆形,再从圆心画不同角度的斜线

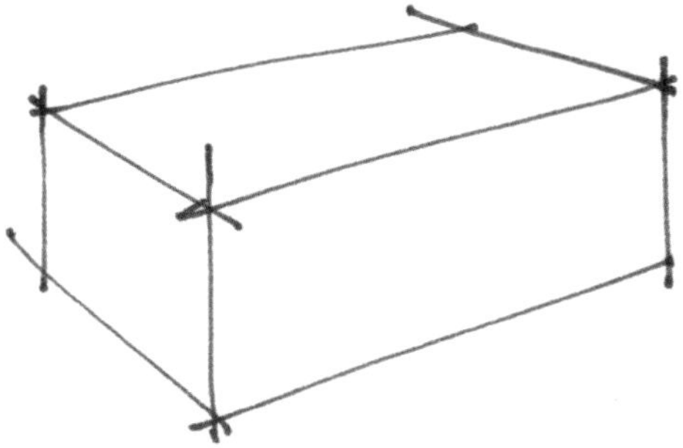

长方体练习

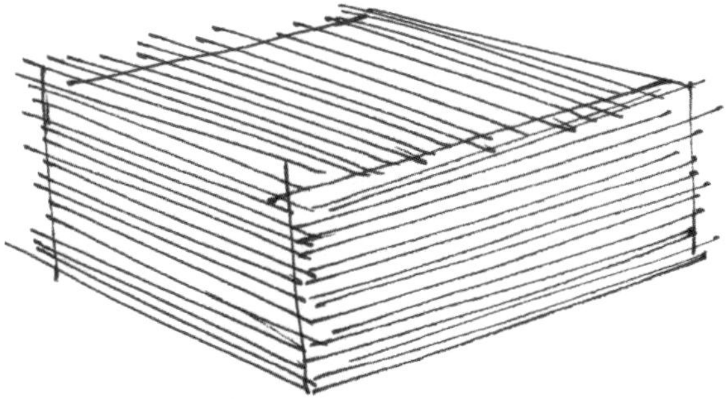

从不同角度练习画线

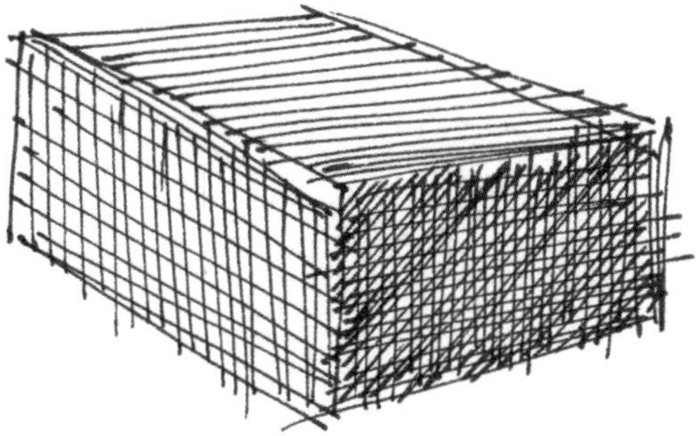

斜线、垂直线交叉练习

13

3.4 曲线训练

曲线要画得轻松、舒展、自然。这些是不同曲线的练习。

3.5 弧线训练

弧线的练习也比较重要,弧线在勾勒一些圆形对象时比较常用,下面是一些弧线和圆形的练习,建议读者反复练习。

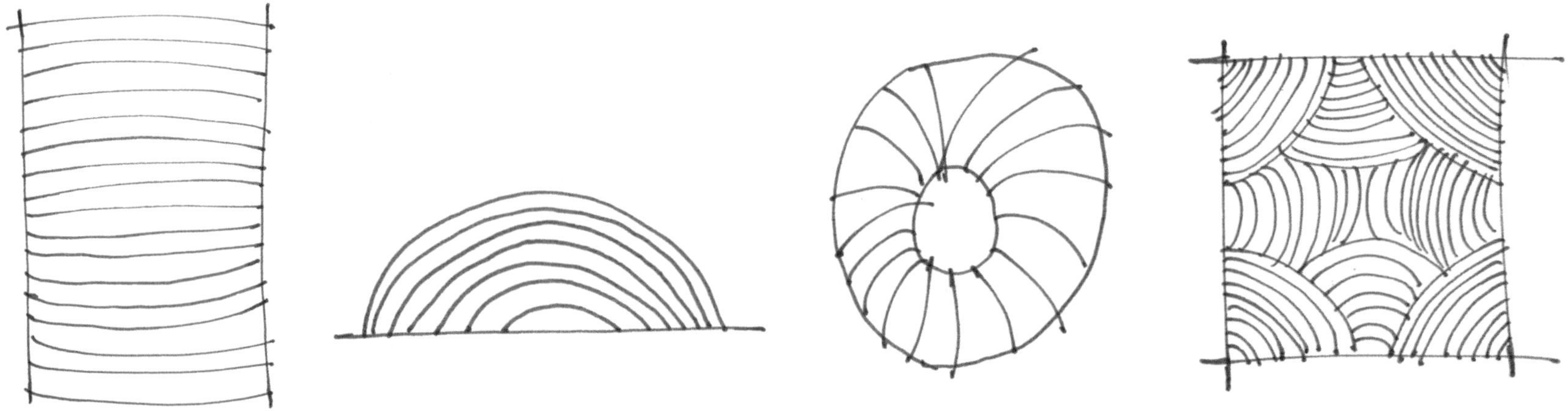

(a)　　　　　　　　　(b)　　　　　　　　　(c)　　　　　　　　　(d)

弧线练习

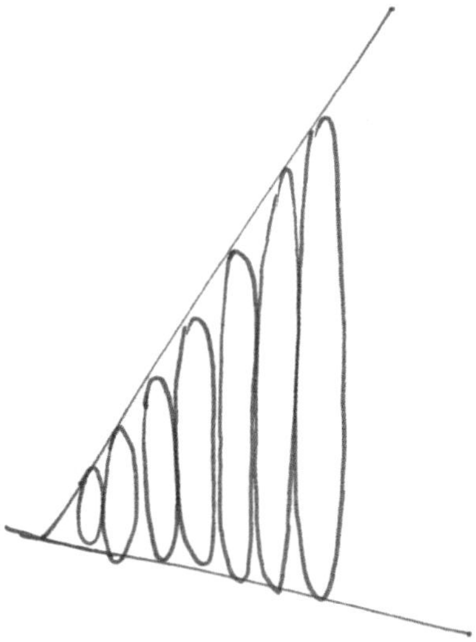

圆形透视练习 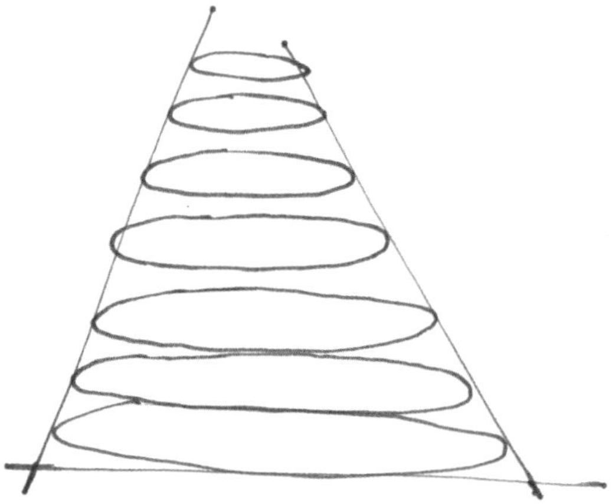　　　　　　　　　圆形练习 　　　　　　　　　同心圆练习

15

3.6 阴影画法
1. 阴影表现方法

在表现对象暗部和阴影时，一般可用连续的直线画出对象的暗部和阴影。阴影的绘制，可以强调对象的外形，增强画面的立体效果，不同的阴影长度可以反映对象的不同高度。下面是阴影的画法。

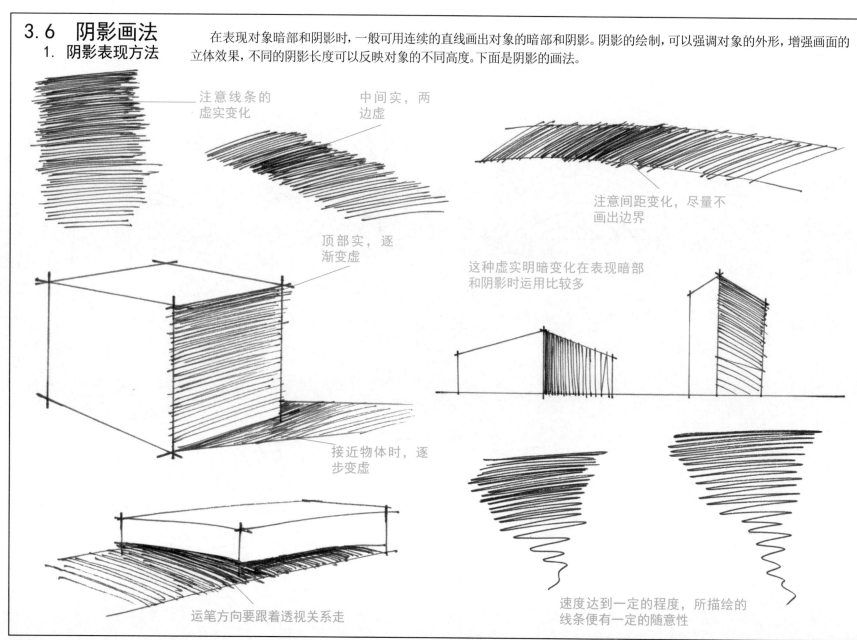

注意线条的
虚实变化

中间实，两
边虚

注意间距变化，尽量不
画出边界

顶部实，逐
渐变虚

这种虚实明暗变化在表现暗部
和阴影时运用比较多

接近物体时，逐
步变虚

运笔方向要跟着透视关系走

速度达到一定的程度，所描绘的
线条便有一定的随意性

2. 阴影应用

立方体组合阴影练习

阴影变化

抱枕阴影表现

按透视方向画线

柜子暗部和阴影表现

花柱阴影表现

沙发暗部和阴影表现

3.7 组合形体画法

多面方体透视练习可以锻炼组合能力、空间感受能力和体量感。通过对长方体、立方体的训练及理解，逐步提高对透视的把握。

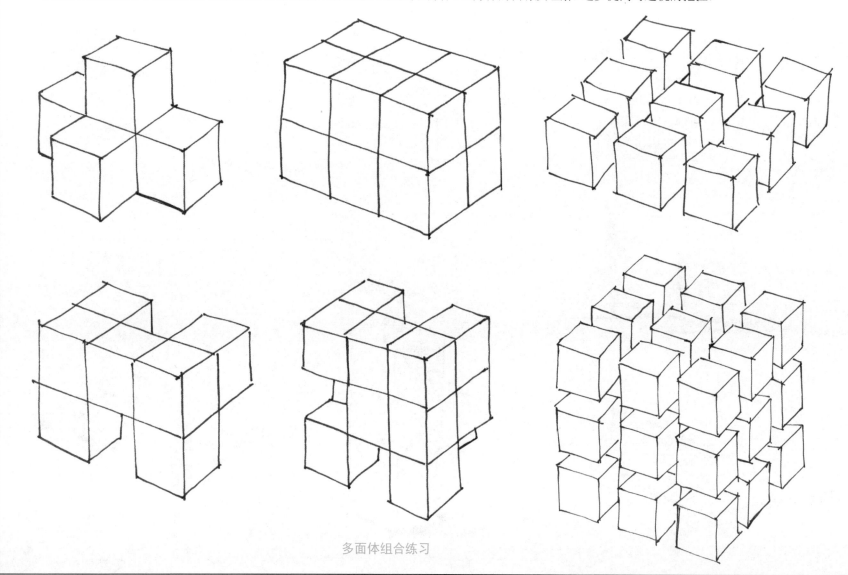

多面体组合练习

3.8　形体结构练习

　　生活中的物体姿态万千,但归根结底是由方形和圆形两种基本几何体组成的。特别是室内陈设,如沙发、茶几、柜子等,都是由立方体演变而成的。因此,准确画出几何体对室内空间表现是很有帮助的。

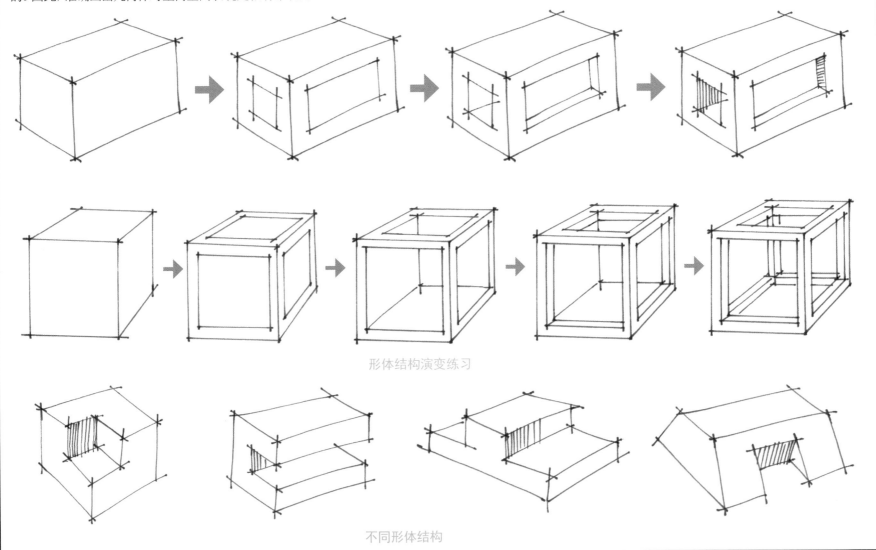

形体结构演变练习

不同形体结构

3.9 形体演变练习

长方体造型类似于家具中的床、柜子、茶几、沙发、餐桌、椅子、电视等。

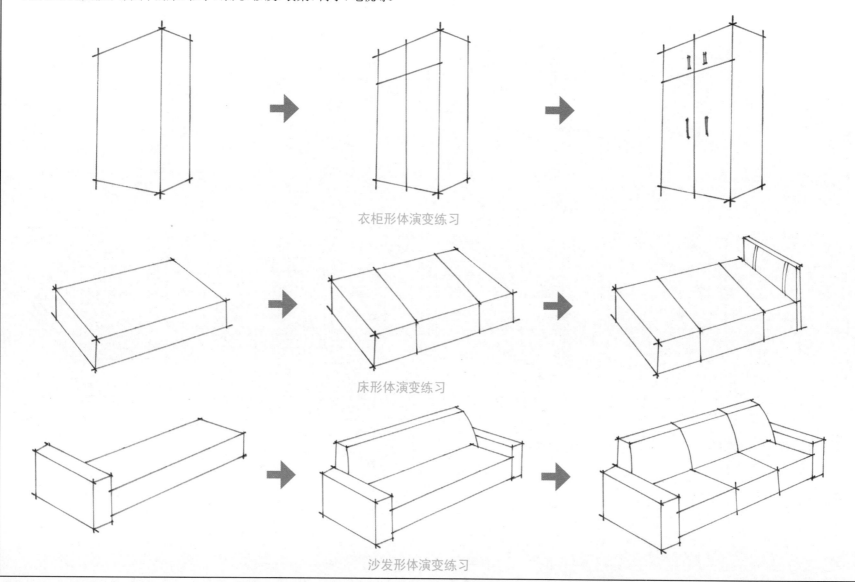

衣柜形体演变练习

床形体演变练习

沙发形体演变练习

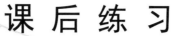

课 后 练 习

1. 体会并理解直线的画法, 然后反复进行练习。
2. 练习曲线和弧线的画法。
3. 理解阴影的表现方法，并加以练习。
4. 理解形体的表现方法，并进行练习。

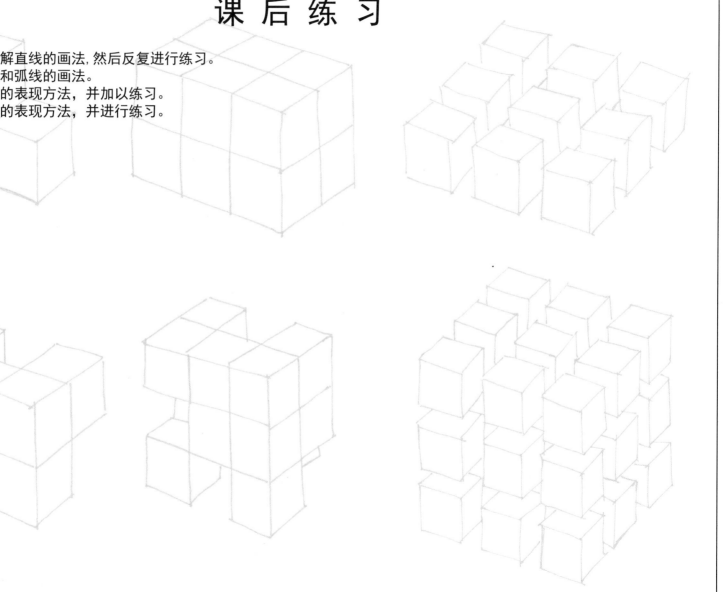

第4章 单体线稿表现

4.1 单体画法步骤

练习了线条的画法后,下面开始学习单体对象的表现,单体对象的表现可以进一步提高手绘表现能力,了解不同对象的形体特点和表现方法。下面是一些单体对象的画法,建议临摹并体会表现方法。

1. 陈设绘制过程

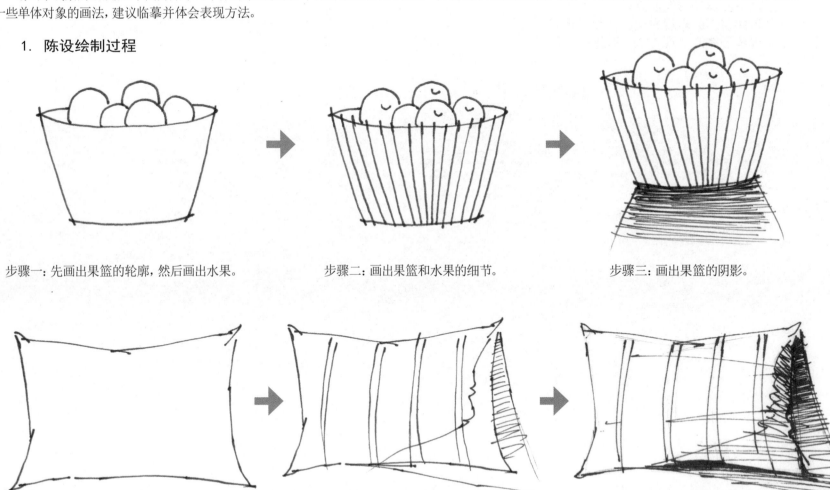

步骤一:先画出果篮的轮廓,然后画出水果。　　步骤二:画出果篮和水果的细节。　　步骤三:画出果篮的阴影。

步骤一:画出枕头的轮廓。　　步骤二:画出枕头的细节和阴影轮廓。　　步骤三:画出枕头的阴影,表现出立体感。

2. 灯饰绘制过程

步骤一：画出吊灯的外形轮廓。　　　　步骤二：画出吊灯的材料特点。　　　　步骤三：画出吊灯的暗部，突出形体特点。

步骤一：画出台灯的轮廓。　　　　步骤二：画出灯罩上的图案。　　　　步骤三：画出底座的暗部和阴影。

3. 家具绘制过程

步骤一：画出沙发坐垫和靠背的轮廓。　　　　步骤二：画出沙发的四条腿。　　　　步骤三：画出沙发的暗部和阴影。

步骤一：画出沙发床的轮廓。　　　　步骤二：画出枕头、床单和床垫的细节。　　　　步骤三：画出沙发床的阴影。

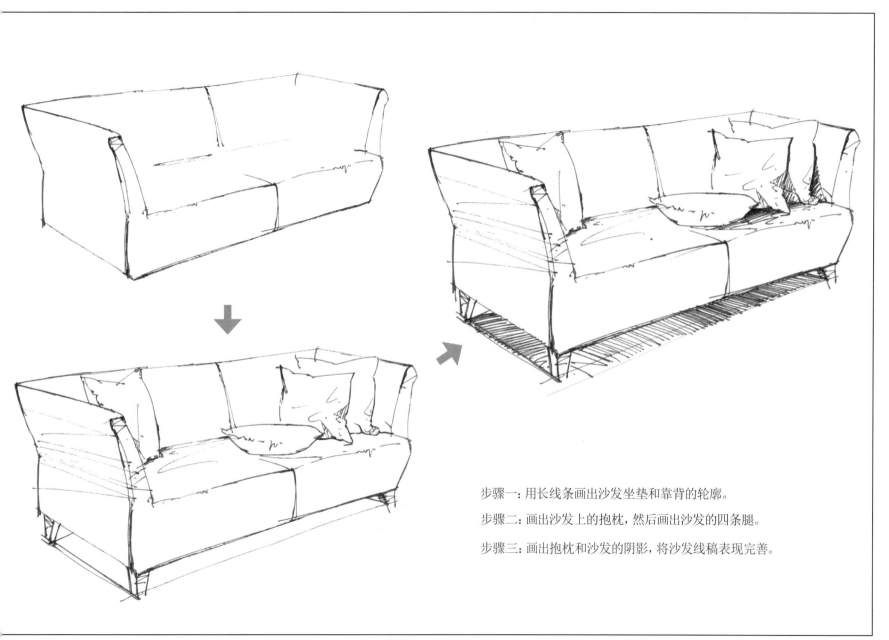

步骤一：用长线条画出沙发坐垫和靠背的轮廓。

步骤二：画出沙发上的抱枕，然后画出沙发的四条腿。

步骤三：画出抱枕和沙发的阴影，将沙发线稿表现完善。

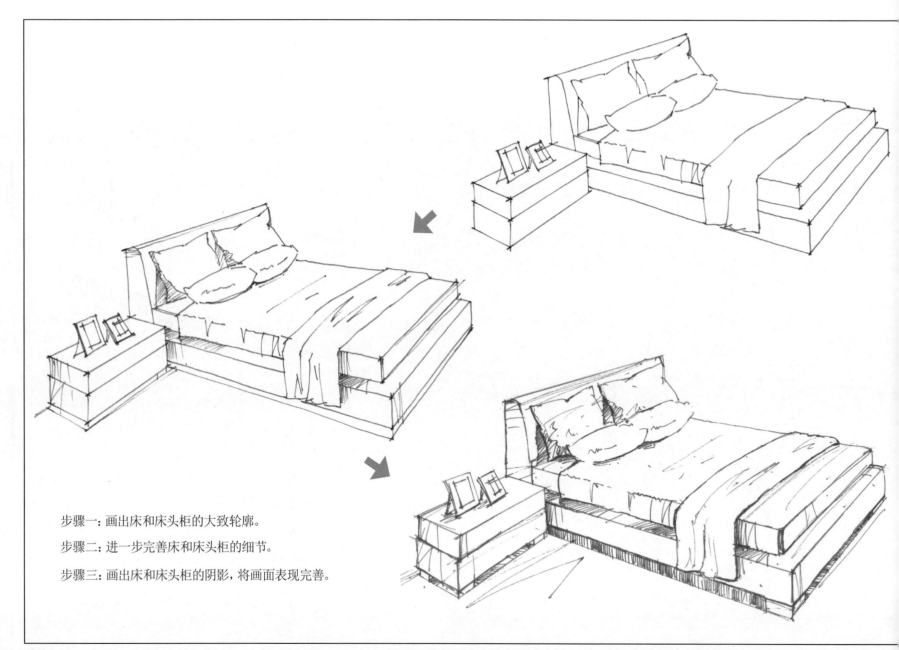

步骤一：画出床和床头柜的大致轮廓。

步骤二：进一步完善床和床头柜的细节。

步骤三：画出床和床头柜的阴影，将画面表现完善。

4.2 静物线稿表现

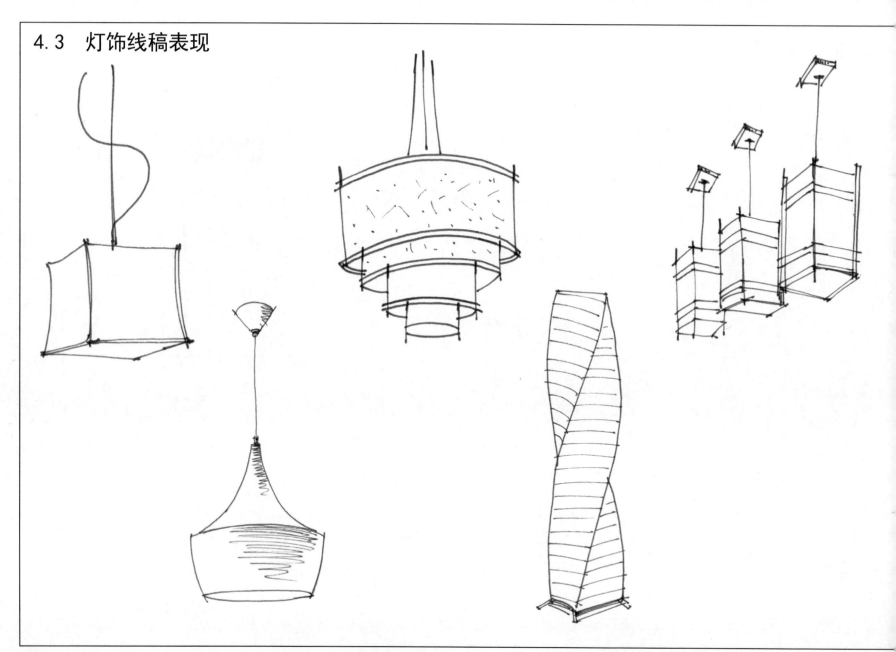

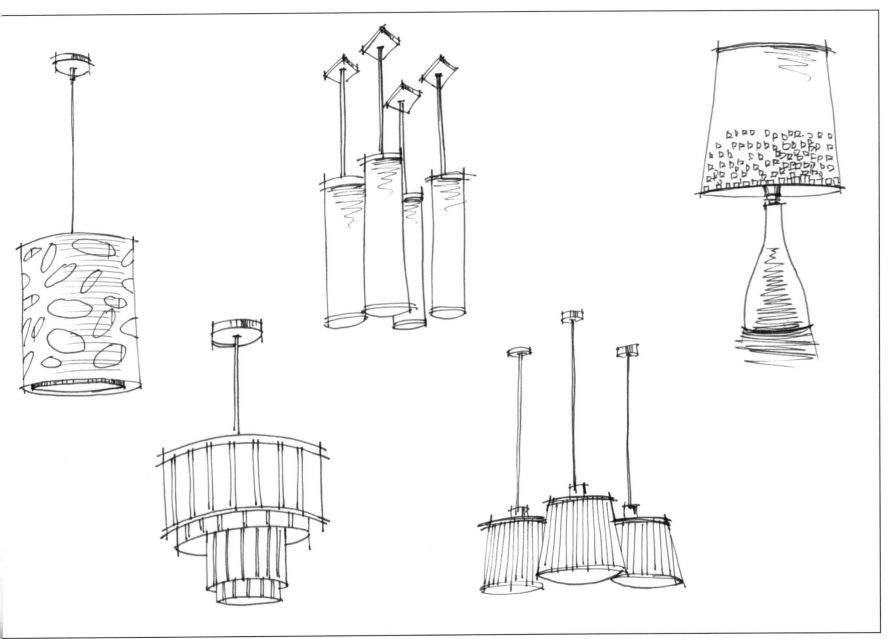

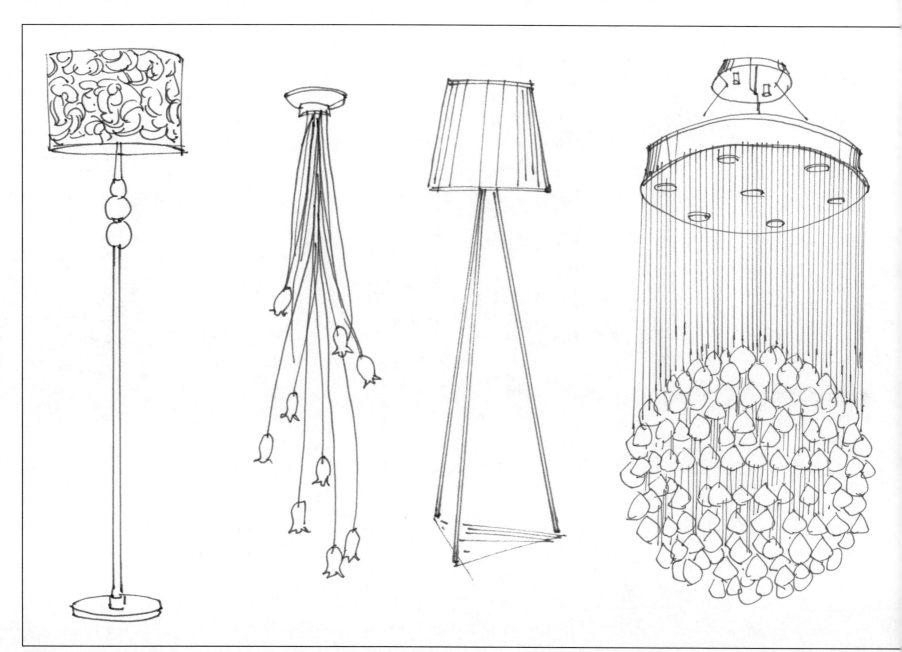

4.4 枕头线稿表现

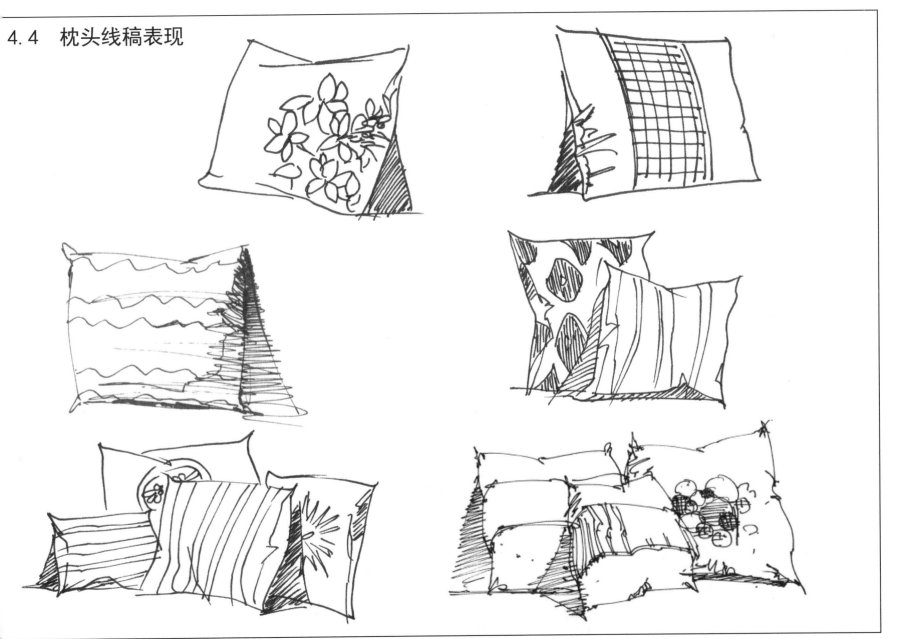

4.5 窗帘线稿表现

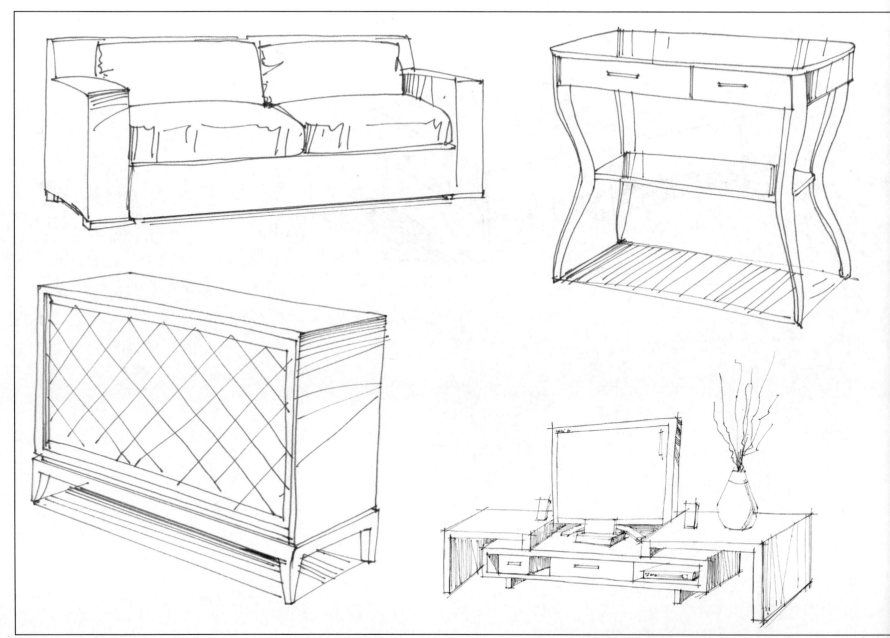

4.7 组合家具线稿表现

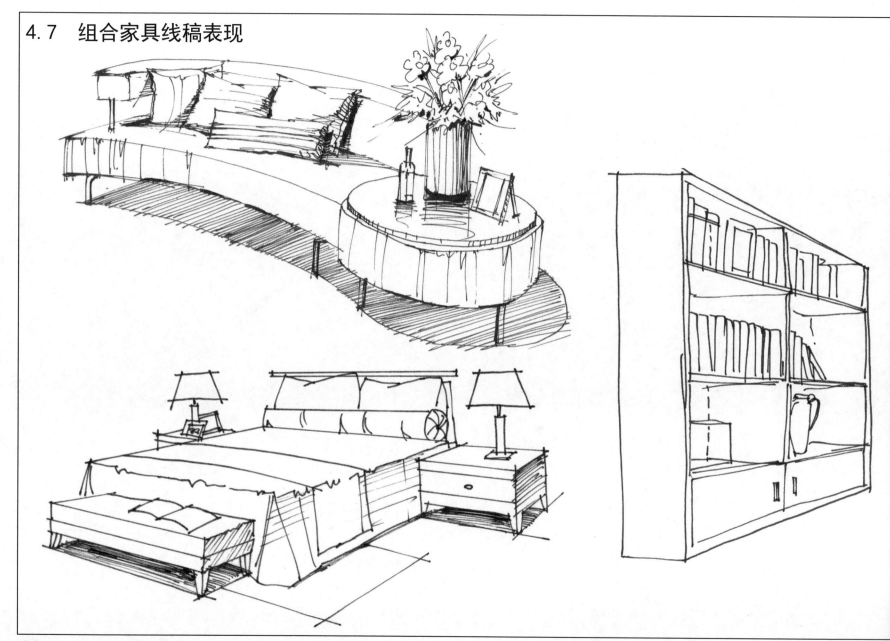

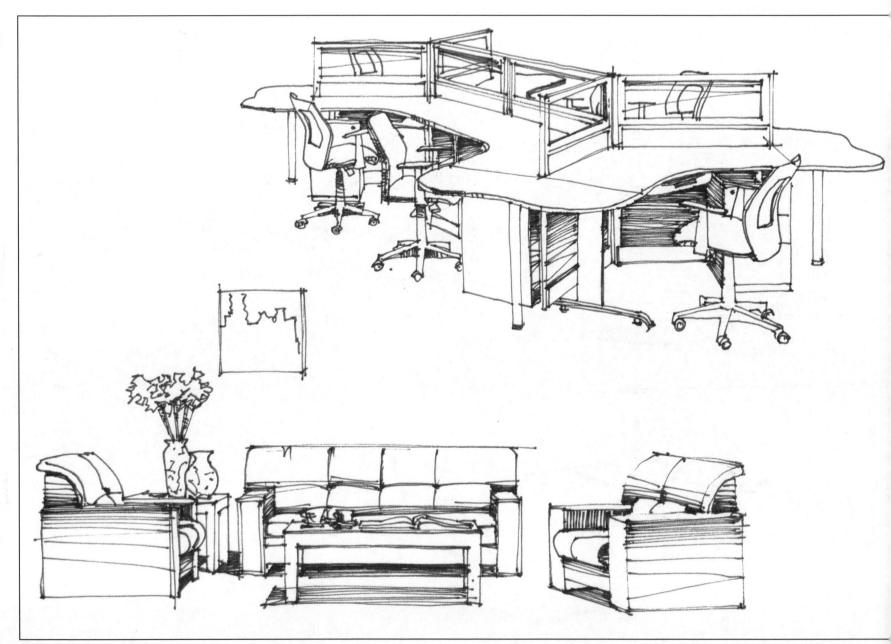

4.8 洁具线稿表现

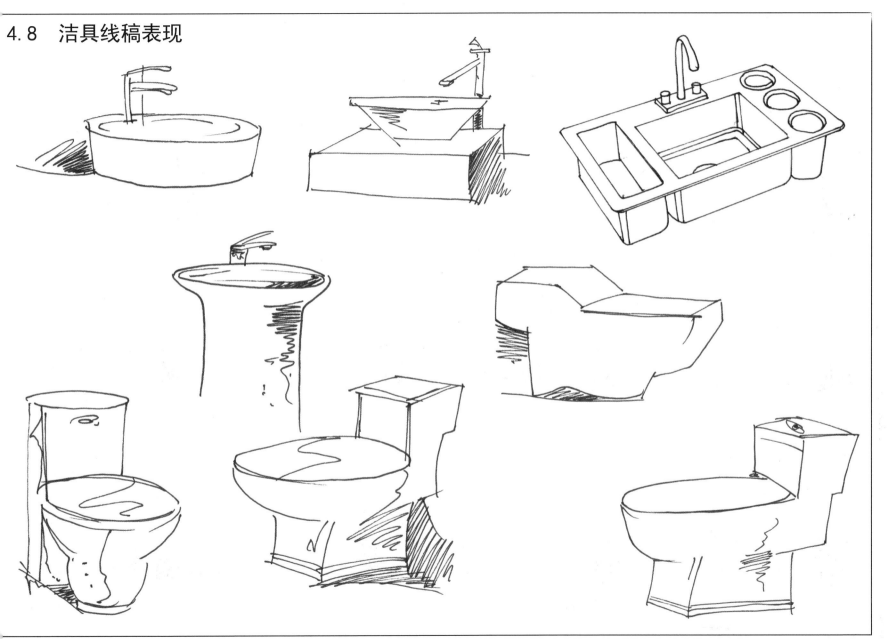

4.9 瓷砖线稿表现

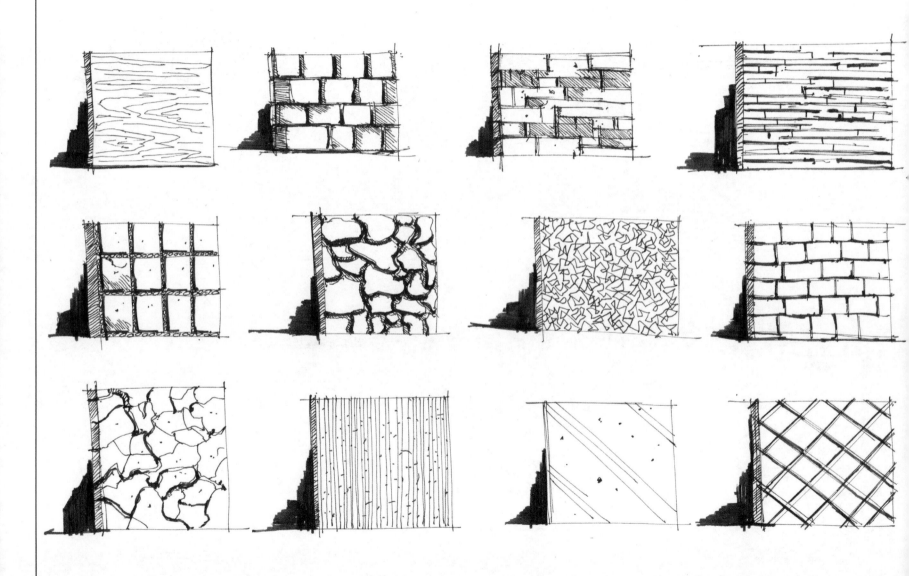

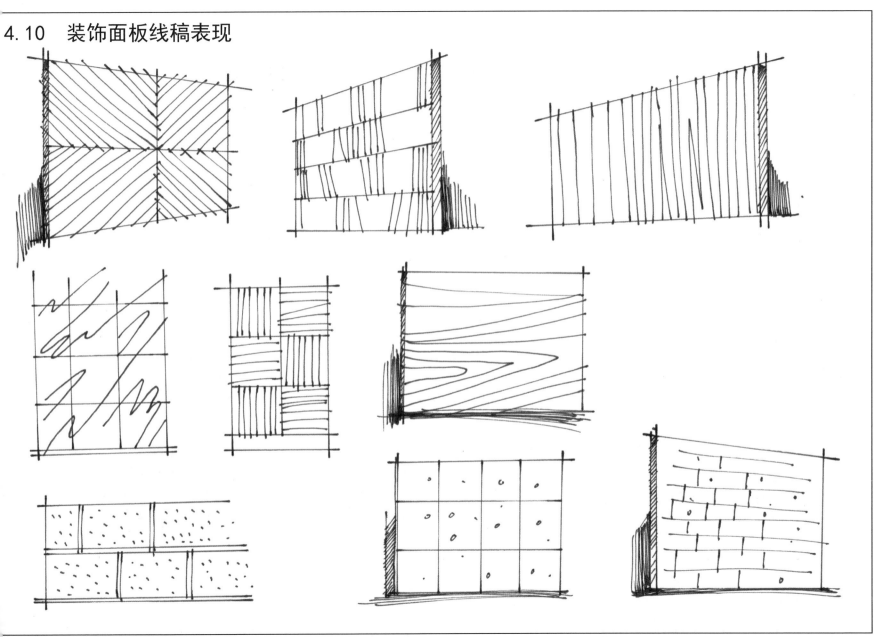

4.11 花艺线稿表现

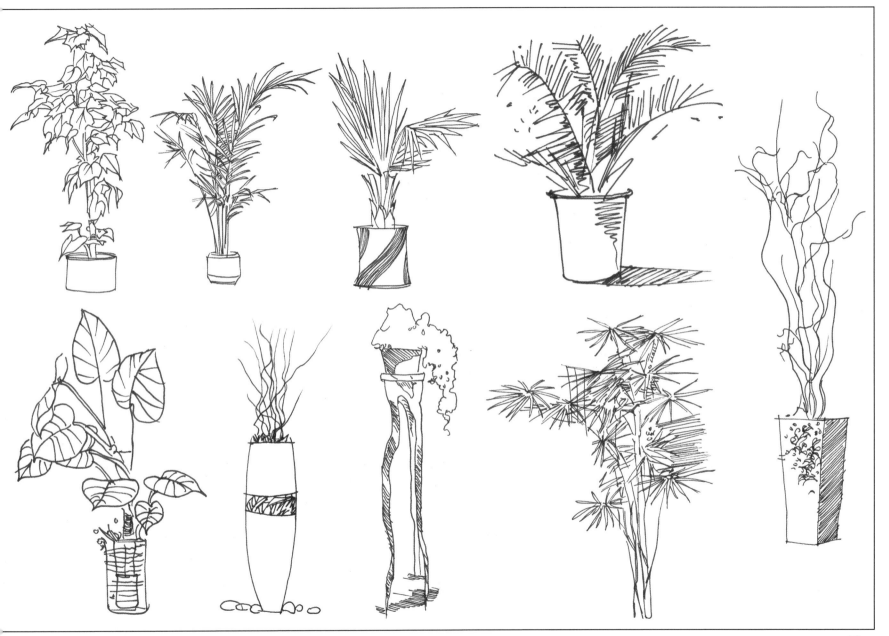

4.12 人物线稿表现

45

课 后 练 习

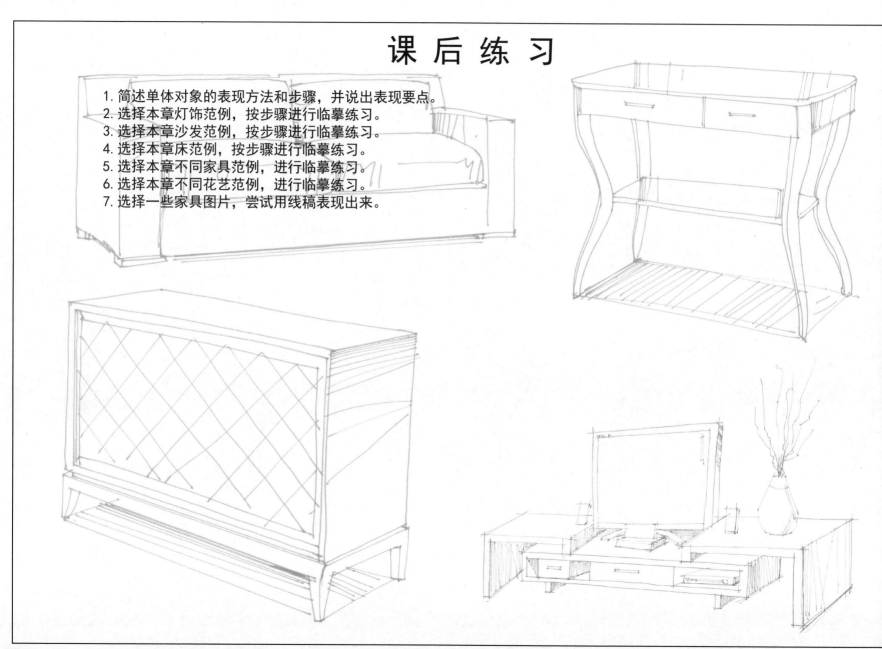

1. 简述单体对象的表现方法和步骤，并说出表现要点。
2. 选择本章灯饰范例，按步骤进行临摹练习。
3. 选择本章沙发范例，按步骤进行临摹练习。
4. 选择本章床范例，按步骤进行临摹练习。
5. 选择本章不同家具范例，进行临摹练习。
6. 选择本章不同花艺范例，进行临摹练习。
7. 选择一些家具图片，尝试用线稿表现出来。

第5章 室内线稿表现

5.1 线稿绘图方法

　　了解了单体家具对象的画法后，下面进一步学习室内线稿的画法。室内线稿难度要稍微大一些，在画线稿时，可以先用铅笔起稿，把每一部分结构都表现到位，用黑勾线笔描绘前，要明确哪一部分作为重点来表现，从这一部分着手刻画，同时把物体的受光、暗部、质感表现出来。注意，大的结构线可以借助工具，小的结构线尽量直接勾画，特别是沙发、地毯等丝织物，这样可以避免画面的呆板。视觉重心刻画完后，开始拉伸空间，虚化远景及其他位置，完成后，把配景及小饰品点缀到位，进一步调整画面的线和面，打破画面生硬的感觉。

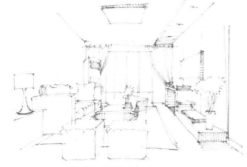

铅笔草稿　　　　　　　　　　　　　墨线稿

线稿绘制过程

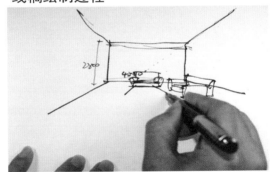

步骤一：勾勒出房间的透视轮廓。

步骤二：画出房间内的沙发、窗户和窗帘。

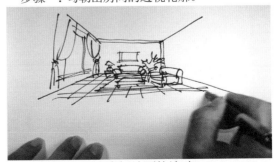

步骤三：画出房间地面的地砖。

步骤四：画出右边的窗户。

5.2 线稿绘图步骤

1. 卧室局部绘制过程

步骤一：画出床、床上用品、床头柜、台灯和相框的大体轮廓。

在画室内线稿时，要注意以下几点。

（1）物体的透视和比例关系要准确。

（2）在运线的过程中要注意力度，一般在起笔和收笔时的力度要大，在中间运行过程中，力度要轻一点，这样的线有力度、有飘逸感。

（3）注意物体明暗面的刻画，增强物体的立体感。如果着色的话，立体感和光影变化可以刻画得弱一点，反之立体感要强一点。

（4）在黑白稿中，物体的质感同样非常重要，所以要把物体的肌理、纹路表现出来。

（5）点的巧妙运用，能增加物体的质感和画面的动感。如丝织物、玻璃、石材等，都可以靠点来加强质感。

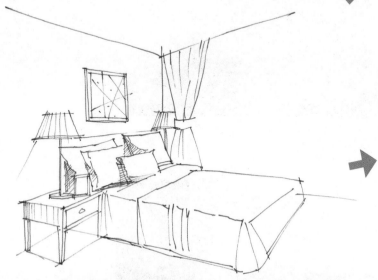

步骤二：画出墙体和窗帘，然后完善枕头、床头柜、台灯和相框细节。

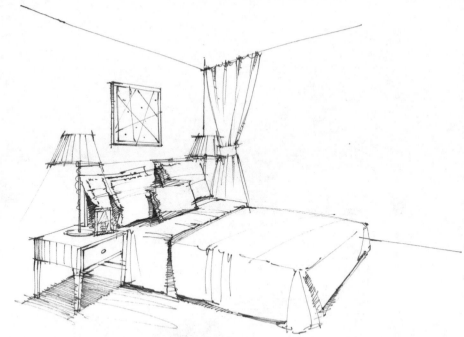

步骤三：给床、床上用品和床头柜画出阴影，然后进一步表现和完善画面。

2. 餐厅绘制过程

步骤一：用长线条画出椅子和餐桌的轮廓。

步骤二：画出室内空间的墙线，再画出天花板造型和吊灯。

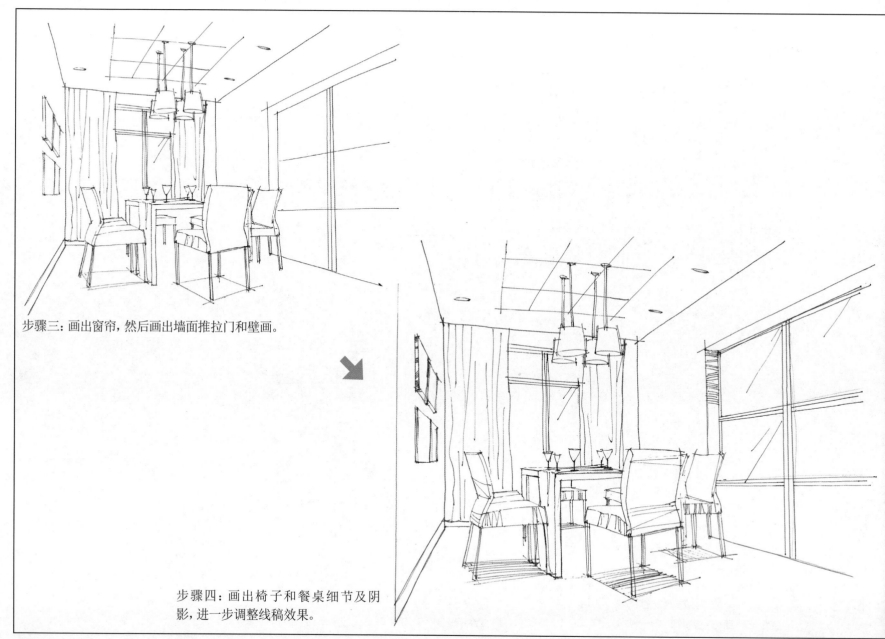

步骤三：画出窗帘，然后画出墙面推拉门和壁画。

步骤四：画出椅子和餐桌细节及阴影，进一步调整线稿效果。

3. 客厅绘制过程

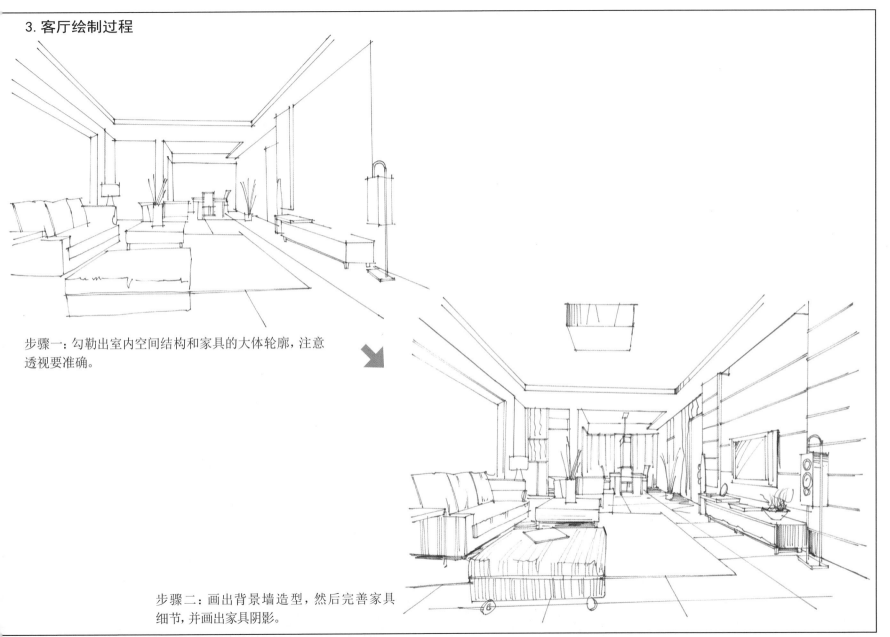

步骤一：勾勒出室内空间结构和家具的大体轮廓，注意
透视要准确。

步骤二：画出背景墙造型，然后完善家具
细节，并画出家具阴影。

步骤三：画出地毯和沙发后面背景墙墙纸的图案，将线稿表现完善。

4. 走廊绘制过程

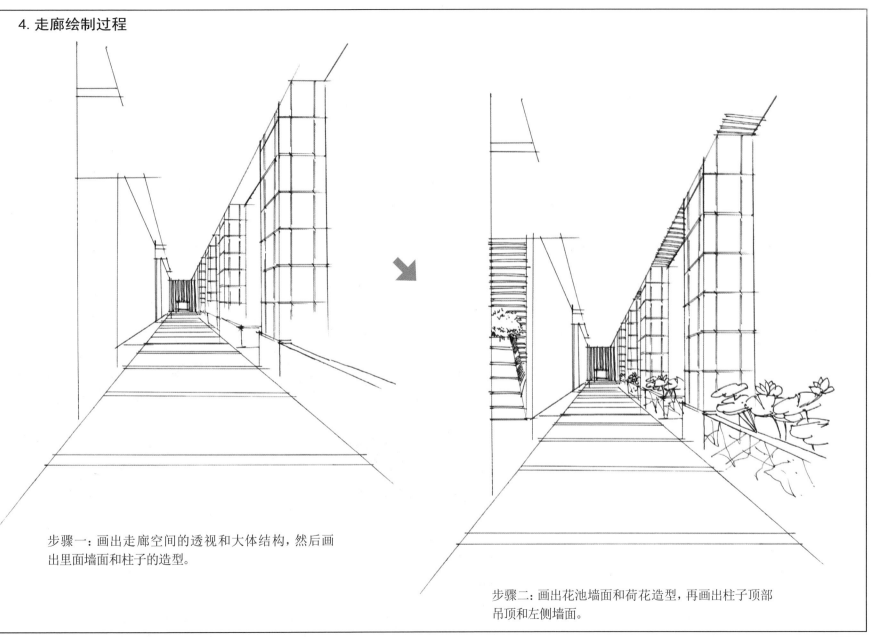

步骤一：画出走廊空间的透视和大体结构，然后画
出里面墙面和柱子的造型。

步骤二：画出花池墙面和荷花造型，再画出柱子顶部
吊顶和左侧墙面。

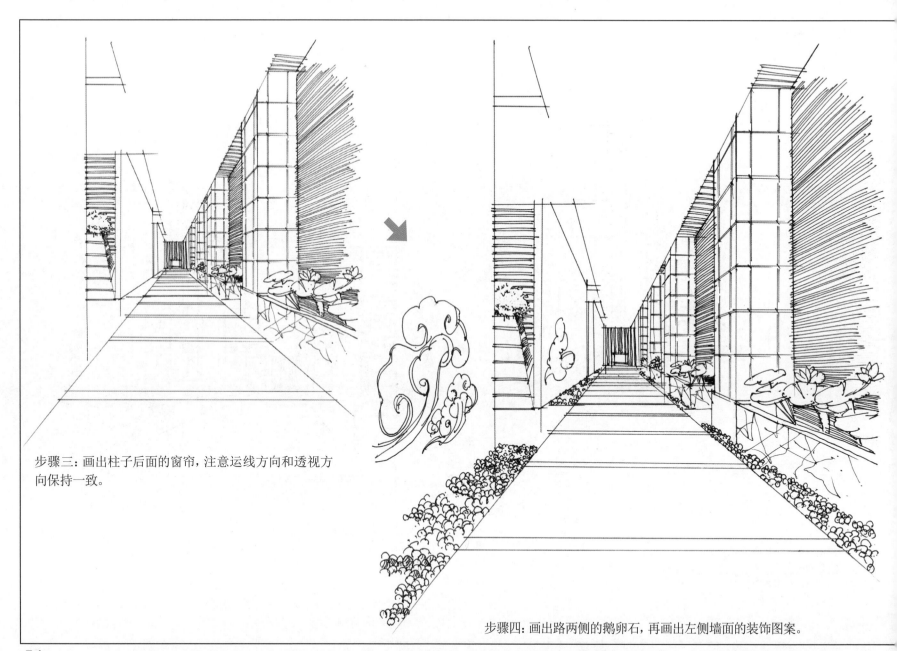

步骤三：画出柱子后面的窗帘，注意运线方向和透视方向保持一致。

步骤四：画出路两侧的鹅卵石，再画出左侧墙面的装饰图案。

5. 大厅绘制过程

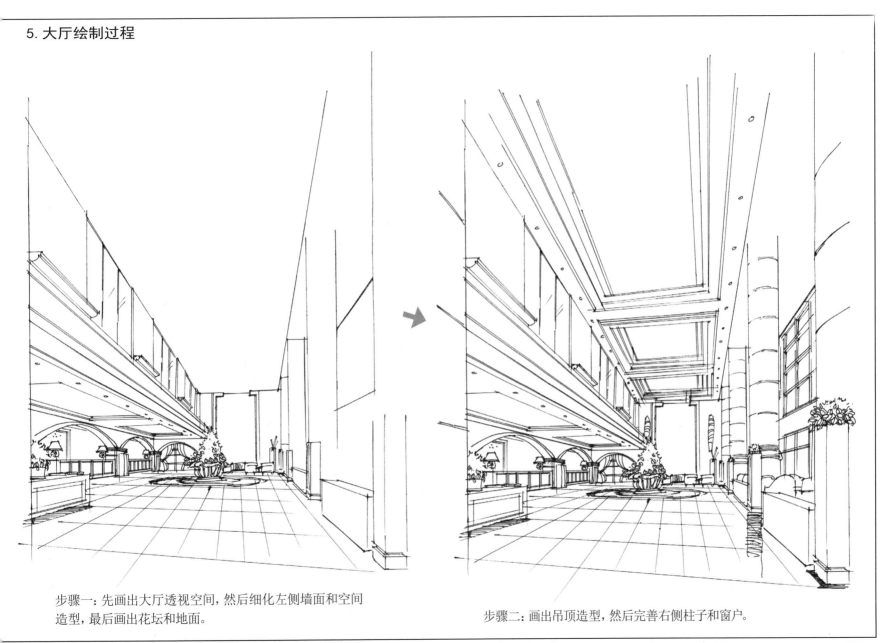

步骤一：先画出大厅透视空间，然后细化左侧墙面和空间造型，最后画出花坛和地面。

步骤二：画出吊顶造型，然后完善右侧柱子和窗户。

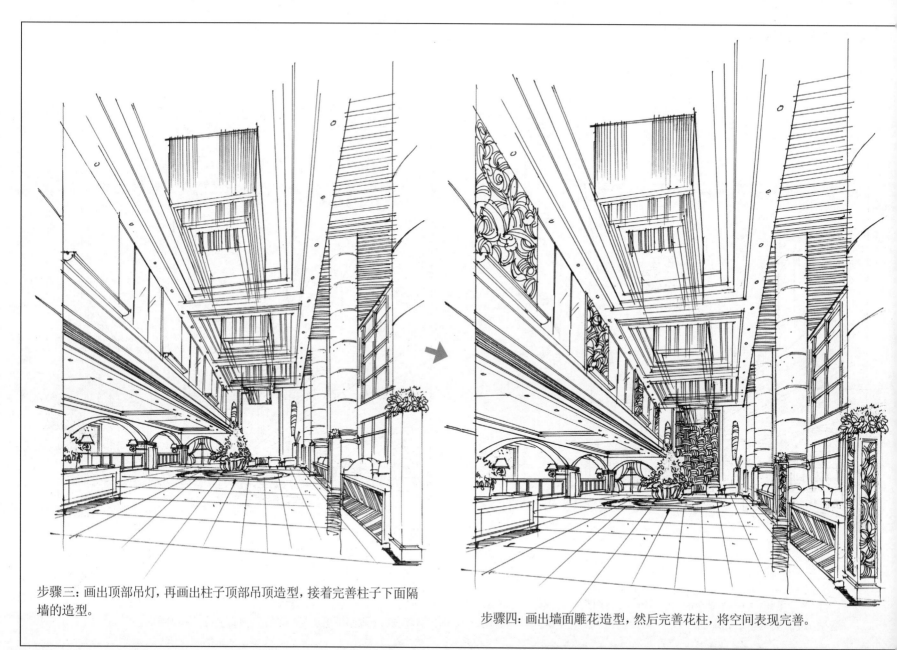

步骤三：画出顶部吊灯，再画出柱子顶部吊顶造型，接着完善柱子下面隔墙的造型。

步骤四：画出墙面雕花造型，然后完善花柱，将空间表现完善。

5.3 室内线稿范例

58

64

课 后 练 习

1. 理解和体会家装空间和工装空间线稿表现方法及要点。
2. 选择本章卧室线稿范例，按步骤进行临摹练习。
3. 选择本章餐厅线稿范例，按步骤进行临摹练习。
4. 选择本章客厅线稿范例，按步骤进行临摹练习。
5. 选择本章酒店大厅线稿范例，按步骤进行临摹练习。
6. 选择一些家装空间图片，画出线稿。
7. 选择一些工装空间图片，画出线稿。

第6章 马克笔上色方法

6.1 马克笔上色技法

马克笔是一种速干、稳定性高的表现工具,局部完整的色彩体系,可以供设计选择,由于它的颜色固定,所以能够很方便地表现出设计者预想的效果。

马克笔在特征上具有线条与色彩的两重性,既可以作为线条来使用,也可以作为色彩来渲染。一般与钢笔结合使用,用钢笔勾画造型,用马克笔进行着色来烘托画面的气氛。钢笔线稿是骨,马克笔的色彩是肉。马克笔的特点在于简洁明快,运用马克笔时一定要有整体的意识。

马克笔对画面的塑造是通过线条来完成的,对于初学者来说用笔是关键,马克笔用笔要点在于干脆利落,练习时要注意起笔、收笔力度的把握与控制。马克笔笔尖有楔形方头、圆头两种形式,可以画出粗、中、细不同宽度的线条,通过各种排列组合方式,形成不同的明暗块面和笔触,具有较强的表现力。

马克笔运笔时主要排线方法有平铺、叠加及留白。

(1)平铺:马克笔常用楔形的方笔头进行宽笔表现,要组织好宽笔触并置的衔接,平铺时讲究对粗、中、细线条的运用与搭配,避免死板。

(2)叠加:马克笔色彩可以叠加,叠加一般在前一遍色彩干透之后进行,避免叠加色彩不均匀和纸面起毛。颜色叠加一般是同色叠加,使色彩加重,叠加还可以使一种色彩融入其他色调,产生第三种颜色,但叠加遍数不宜过多,会影响色彩的清新透明性。

(3)留白:马克笔笔触留白主要是反衬物体的高光亮面,反映光影变化,增加画面的活泼感。细长的笔触留白也称"飞白",如在表现地面、水面时常用。

马克笔垂直排线上色

用马克笔画直线要注意起笔和收笔力度要轻、要均匀。下笔要肯定、果断

马克笔水平排线上色

马克笔线条要平稳,笔头要完全着到纸面上,这样线条才会平稳

蹭笔

点

马克笔排线练习

平移
线
扫笔
斜推

马克笔线条练习

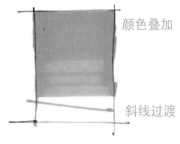

颜色叠加
斜线过渡

马克笔笔触练习

马克笔点练习

马克笔力求下笔准确、肯定，不拖泥带水。干净而纯粹的笔法符合马克笔的特点，对色彩的显示特性、运笔方向、运笔长短等在下笔之前都要考虑清楚，避免犹豫，忌讳笔调琐碎、磨蹭、迂回，要下笔流畅、一气呵成。马克笔上色后不易修改，一般应先浅后深，上色时不用将色铺满画面，有重点地进行局部刻画，画面会显得更为轻快、生动。马克笔的同色叠加会显得更深，多次叠加则无明显效果，且容易弄脏颜色。

垂直交叉的笔触可以丰富马克笔上色的效果，既然运用垂直交叉的组合笔触，就要表现一些笔触变化，丰富画面的层次和效果，所以一定要等第一遍干后再画第二遍，否则颜色会融在一起，没有笔触的轮廓。

注意渐变关系，回笔的运用和用笔力度的区别

在用马克笔上色时，排线一定要按透视或物体结构运笔，明显的笔触多用在物体的发光面

运用马克笔的要领是速度及上色位置的准确性，速度一般宜快不宜慢，快的笔触就会显得透明利落，有力度感，颜色也不会渗化；快速上色，一般就要用排列的办法了，由密到疏或由疏到密；马克笔上色颜色不可调合，一般最好有几支同色系的过渡色，这样用起来得心应手。一般马克笔上色也只讲究颜色的过渡，不可追求局部色彩的冷暖变化，如果过渡色不够，用彩色铅笔来补充是个好办法。另外，在上色时，颜色和笔触要跟着形体走，即"随形赋彩"，这样看起来才比较自然。

马克笔与彩色铅笔结合，可以将彩铅的细致着色与马克笔的粗犷笔风相结合，增强画面的立体效果。

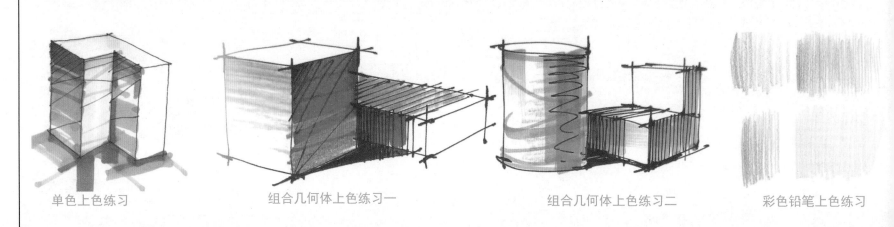

单色上色练习　　　　组合几何体上色练习一　　　　组合几何体上色练习二　　　　彩色铅笔上色练习

6.2 马克笔上色要点

(1) 同类色彩叠加技巧。马克笔中冷色与暖色系列按照排序都有相对比较接近的颜色，编号也比较靠近，画受光物体的亮面色彩时，先选择同类颜色中稍浅些的颜色，在物体受光边缘处留白，然后再用同类色稍微重一点的色彩画一部分叠加在浅色上，于是便在物体同一受光面表现出三个层次。用笔有规律，同一个方向基本成平行排列状态；物体背光处，用稍有对比的同类重颜色，方法同上。物体投影明暗交界处，可用同类色的重色叠加重复数笔。

(2) 物体亮部及高光处理。物体受光亮部要留白，高光处要提白或点高光，可以强化物体受光状态，使画面生动，强化结构关系。

(3) 物体暗部及投影处理。物体暗部和投影处的色彩要尽可能统一，尤其是投影处可再重一些。画面整体的色彩关系主要靠受光处的不同色相的对比和冷暖关系加上亮部留白等构成丰富的色彩效果。整体画面的暗部结构起到统一和谐的作用，即使有对比，也是微妙的对比，切记暗部不要有太强的冷暖对比。

(4) 高纯度颜色应用规律。画面中不可能不用纯颜色，但要慎重，用好了画面丰富生动，反之则杂乱无序。当画面结构形象复杂时，投影关系也随之复杂，此种情况下纯色要尽量少用，且面积不要过大、色相过多。相反，画面结构关系单一时，可用丰富的色彩调解画面。

6.3 玻璃材质表现

玻璃在室内表现中常常遇到，玻璃一般有通透性、反光性，要注意体现这两个特点。对于透明玻璃，一般要把玻璃后面的对象概况表现出来，对于反光玻璃，要把反射物体画进去，使其有前后的感觉。

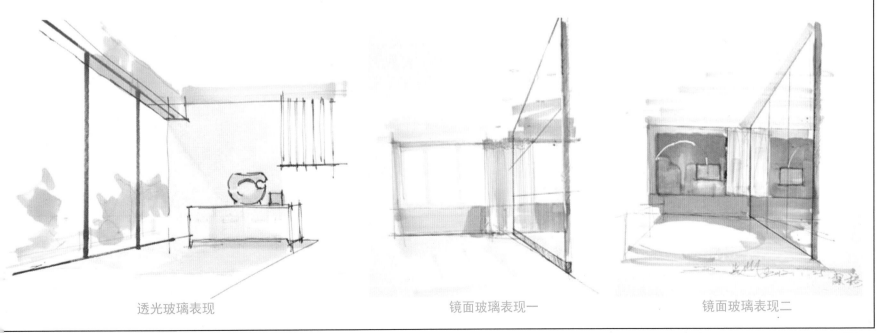

| 透光玻璃表现 | 镜面玻璃表现一 | 镜面玻璃表现二 |

6.4 灯光光晕表现

　　灯光对于表现空间起着十分重要的作用,在表现灯光效果时要注意理解灯光的变化,讲究运笔的手法和方向,在画前面的灯光时要注意上重下轻。用笔的手法很重要,所以要多练习。

6.5 单体单色上色练习

　　学习了马克笔的基本技法之后,就要开始练习单体上色。先学习用单一的颜色来塑造对象,第一遍用浅色大面积平铺,第二遍加重颜色,要讲究笔触用法,最后重颜色要慎重使用,马克笔上色的重点都在重颜色的用法上,重颜色不可怕,但不要太大面积使用。只要掌握好用法和用量,重颜色才是整个画面出效果的地方,最后再用重颜色来表现阴影。

　　马克笔上色要注意以下五点。

　　(1)用笔要随形体走,方可表现形体结构感。

　　(2)用笔用色要概括,应注意笔触之间的排列和秩序,以体现笔触本身的美感,不可零乱无序。

　　(3)不要把形体画得太满,要敢于"留白"。

　　(4)用色不能杂乱,用最少的颜色尽量画出丰富的感觉。

　　(5)画面不可以太灰,要有阴暗和虚实的对比关系。

案例1

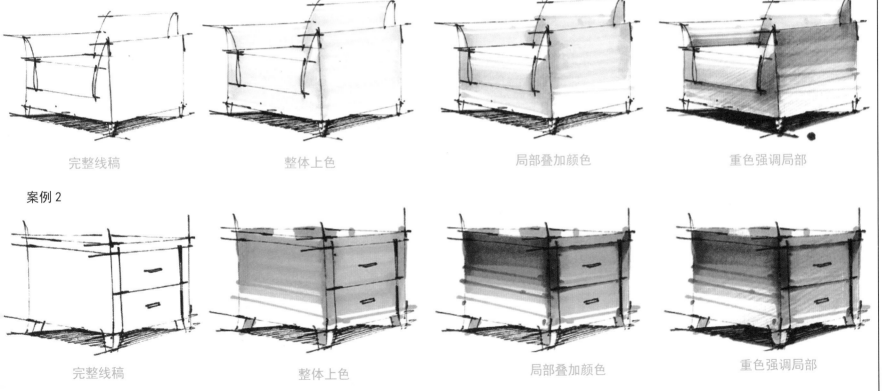

完整线稿　　　　　整体上色　　　　　局部叠加颜色　　　　　重色强调局部

案例2

完整线稿　　　　　整体上色　　　　　局部叠加颜色　　　　　重色强调局部

课 后 练 习

1. 练习并体会马克笔上色方法。
2. 练习用马克笔表现玻璃材质。
3. 练习用马克笔表现灯光光晕。
4. 练习用单色给单体对象上色，并注意上色步骤。

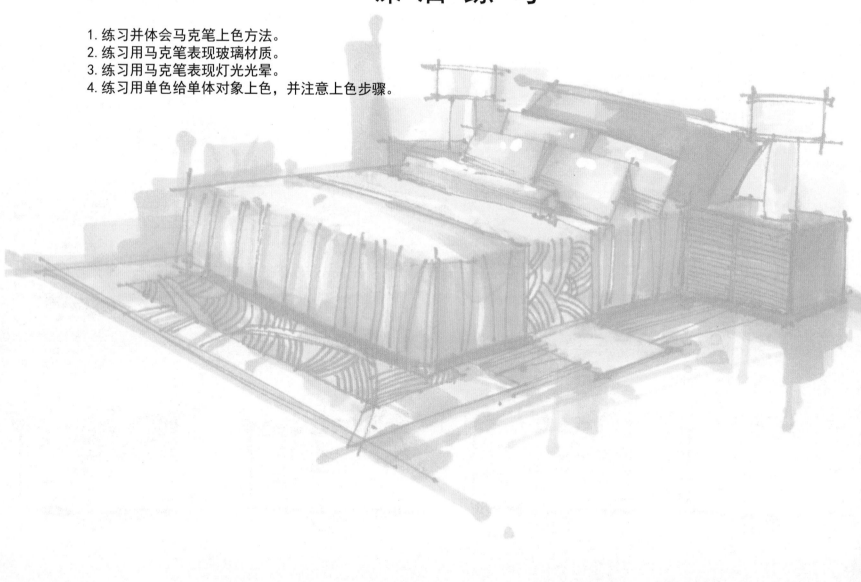

第7章 单体上色入门

7.1 灯饰表现步骤

了解了马克笔上色的基本方法,下面尝试来表现单体对象。室内单体对象比较多,开始时,可以先选择一些简单的画,练习一定的量后,进一步了解了马克笔的特点和上色方法后,可以逐步增加难度。马克笔上色,一般先用浅色整体确定色相,然后逐步加深颜色,在上色时注意运笔。

步骤一:用勾线笔先画出灯的大体轮廓,然后画出花纹和阴影。

步骤二:用马克笔铺出灯及阴影的大体色调。

步骤三:整体加重灯的色调,并给花纹上色,将灯表现完整。

学习手绘，先要学习画简单的单体，单体对象一般造型简单，有助于练笔。在画的时候，注意画法和步骤，以及用笔、用线的特点。

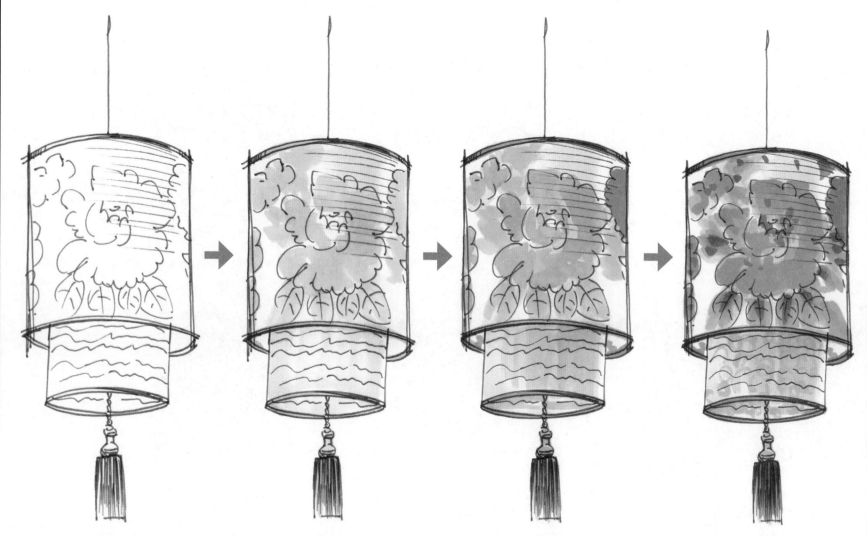

步骤一：先勾勒出吊灯的外形轮廓，然后画出灯上的花纹。

步骤二：用浅色画出吊灯的大体颜色，确定其色相。

步骤三：进一步上色，逐步加重颜色，拉开颜色层次。

步骤四：深入表现吊灯的颜色，并用笔触点缀细节。

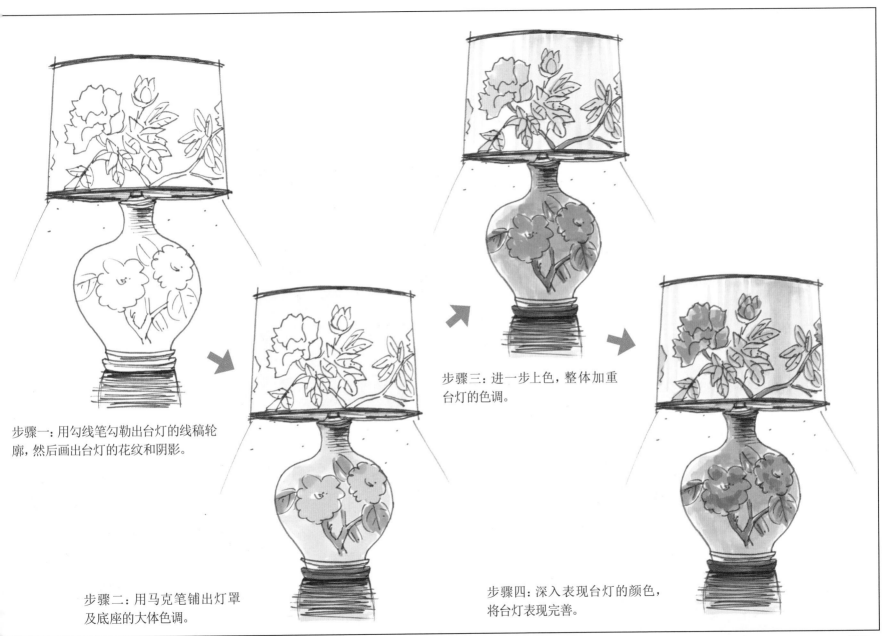

步骤一：用勾线笔勾勒出台灯的线稿轮廓，然后画出台灯的花纹和阴影。

步骤二：用马克笔铺出灯罩及底座的大体色调。

步骤三：进一步上色，整体加重台灯的色调。

步骤四：深入表现台灯的颜色，将台灯表现完善。

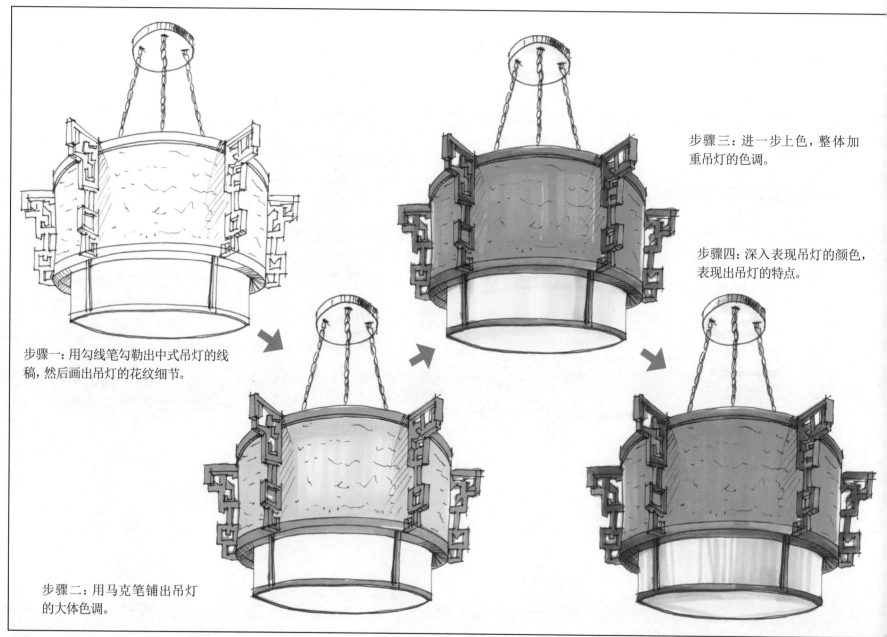

步骤一：用勾线笔勾勒出中式吊灯的线稿，然后画出吊灯的花纹细节。

步骤二：用马克笔铺出吊灯的大体色调。

步骤三：进一步上色，整体加重吊灯的色调。

步骤四：深入表现吊灯的颜色，表现出吊灯的特点。

7.2 家具表现步骤

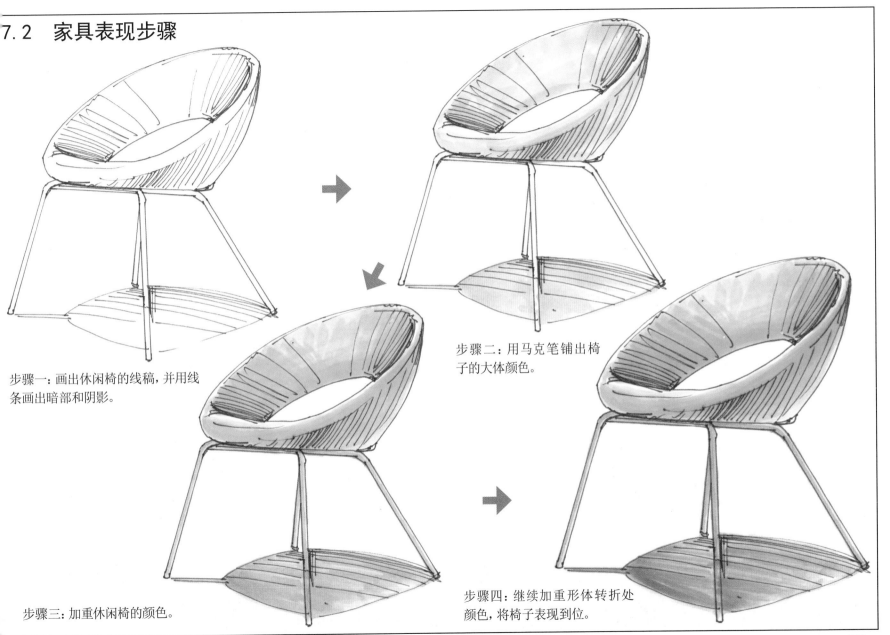

步骤一：画出休闲椅的线稿，并用线条画出暗部和阴影。

步骤二：用马克笔铺出椅子的大体颜色。

步骤三：加重休闲椅的颜色。

步骤四：继续加重形体转折处颜色，将椅子表现到位。

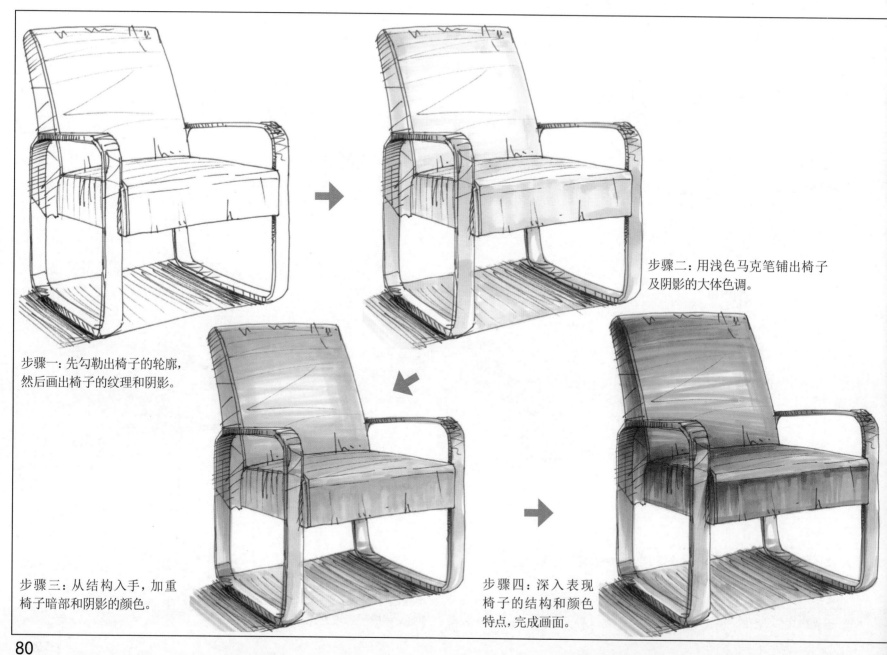

步骤一：先勾勒出椅子的轮廓，
然后画出椅子的纹理和阴影。

步骤二：用浅色马克笔铺出椅子
及阴影的大体色调。

步骤三：从结构入手，加重
椅子暗部和阴影的颜色。

步骤四：深入表现
椅子的结构和颜色
特点，完成画面。

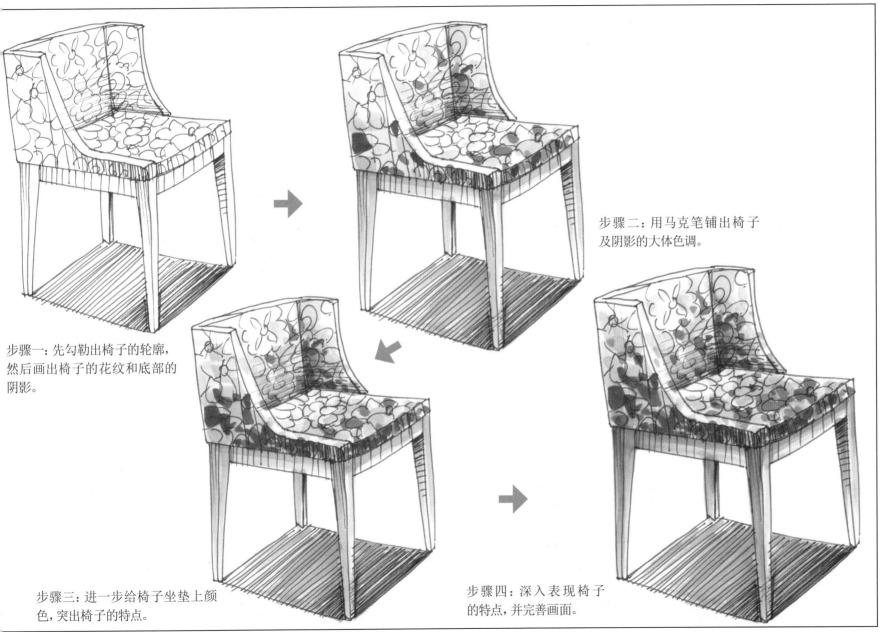

步骤一：先勾勒出椅子的轮廓，
然后画出椅子的花纹和底部的
阴影。

步骤二：用马克笔铺出椅子
及阴影的大体色调。

步骤三：进一步给椅子坐垫上颜
色，突出椅子的特点。

步骤四：深入表现椅子
的特点，并完善画面。

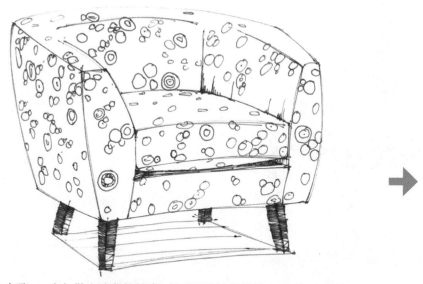

步骤一：先勾勒出沙发的轮廓，然后画出沙发的纹理、腿部和阴影。

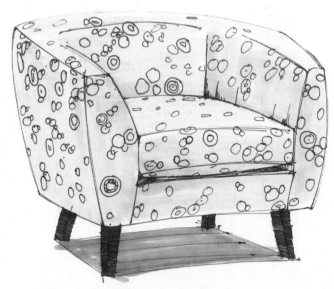

步骤二：用马克笔铺出沙发及阴影的大体色调。

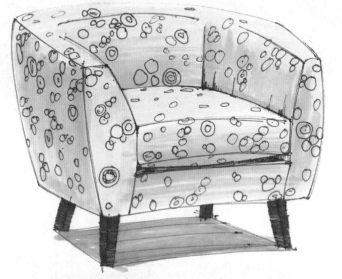

步骤三：从结构入手，加重暗部的颜色。

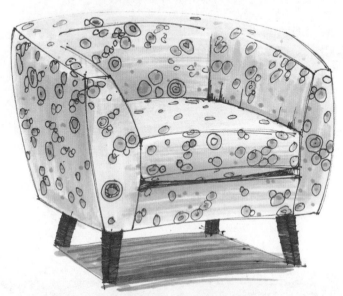

步骤四：画出沙发的花纹，并调整画面效果。

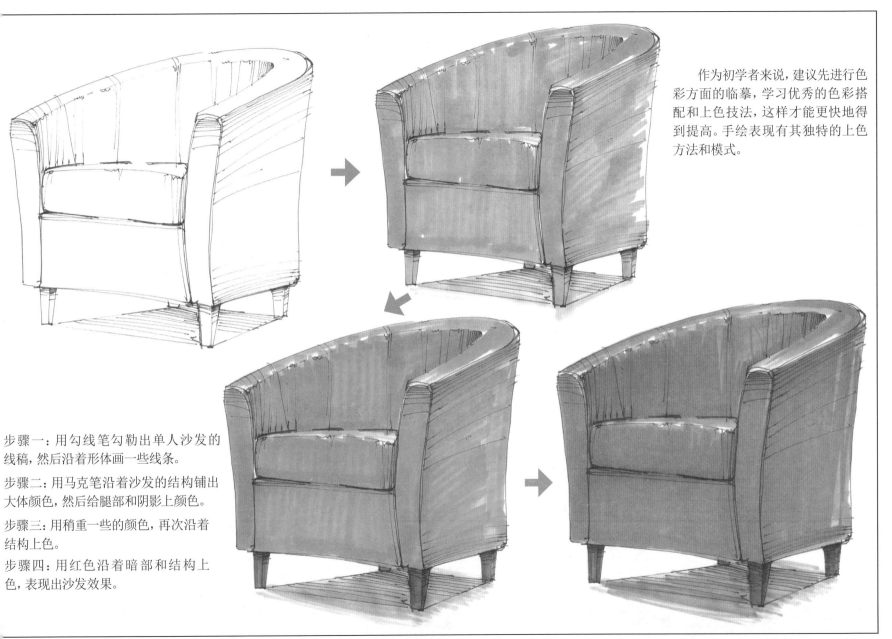

作为初学者来说，建议先进行色彩方面的临摹，学习优秀的色彩搭配和上色技法，这样才能更快地得到提高。手绘表现有其独特的上色方法和模式。

步骤一：用勾线笔勾勒出单人沙发的线稿，然后沿着形体画一些线条。

步骤二：用马克笔沿着沙发的结构铺出大体颜色，然后给腿部和阴影上颜色。

步骤三：用稍重一些的颜色，再次沿着结构上色。

步骤四：用红色沿着暗部和结构上色，表现出沙发效果。

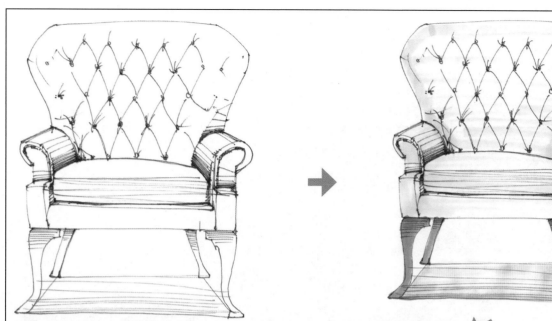

步骤一：画出沙发的线稿轮廓，
表现出沙发的造型特点。

步骤二：用马克笔铺出沙发
及阴影的大体色调。

步骤三：进一步上色，整
体加重沙发的色调。

步骤四：深入表现沙发的
颜色和造型特点，将沙发
表现到位。

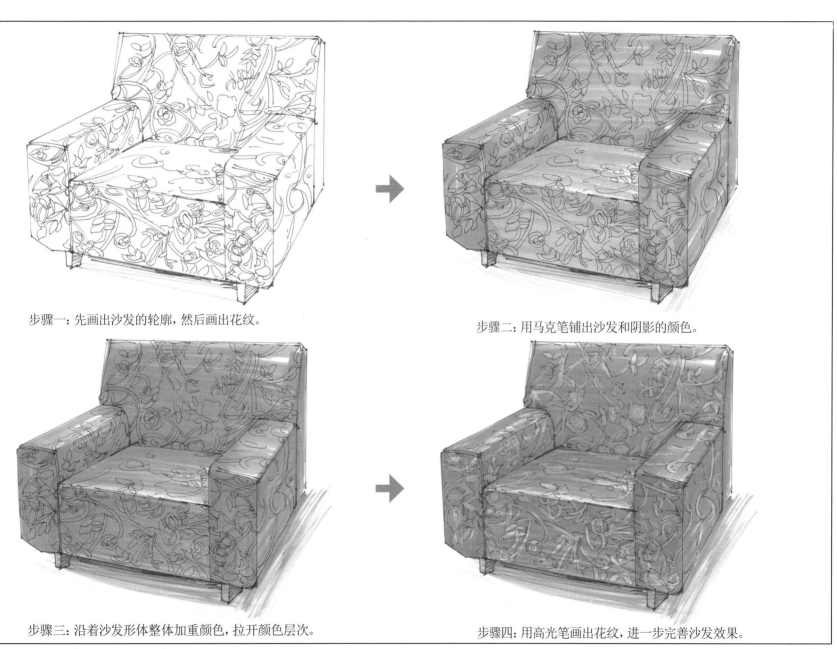

步骤一：先画出沙发的轮廓，然后画出花纹。

步骤二：用马克笔铺出沙发和阴影的颜色。

步骤三：沿着沙发形体整体加重颜色，拉开颜色层次。

步骤四：用高光笔画出花纹，进一步完善沙发效果。

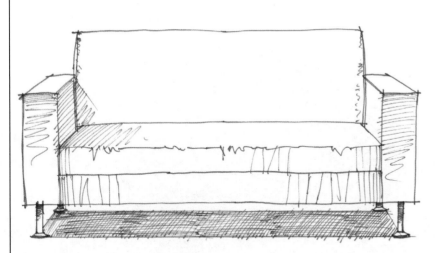

步骤一：先画出沙发的轮廓，然后画出暗部和阴影。

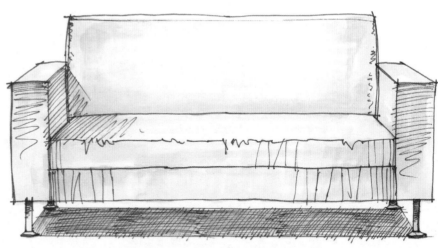

步骤二：用浅黄色马克笔整体铺出沙发大体颜色。

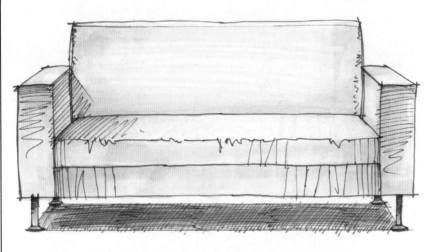

步骤三：用黄色马克笔给沙发局部叠加颜色，拉开色调层次。

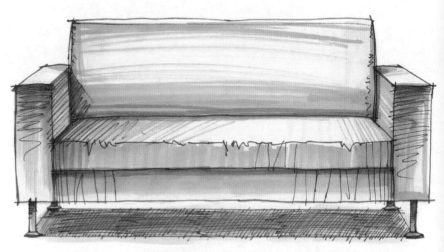

步骤四：加重沙发局部的色调，并注意笔触变化。

步骤一：先勾勒出沙发的轮廓，然后画出沙发的纹理、腿部和阴影。

步骤二：用马克笔铺出沙发及阴影的大体色调。

步骤三：从结构入手，整体加重沙发的颜色。

步骤四：局部加重沙发暗部和颜色，将沙发表现充分。

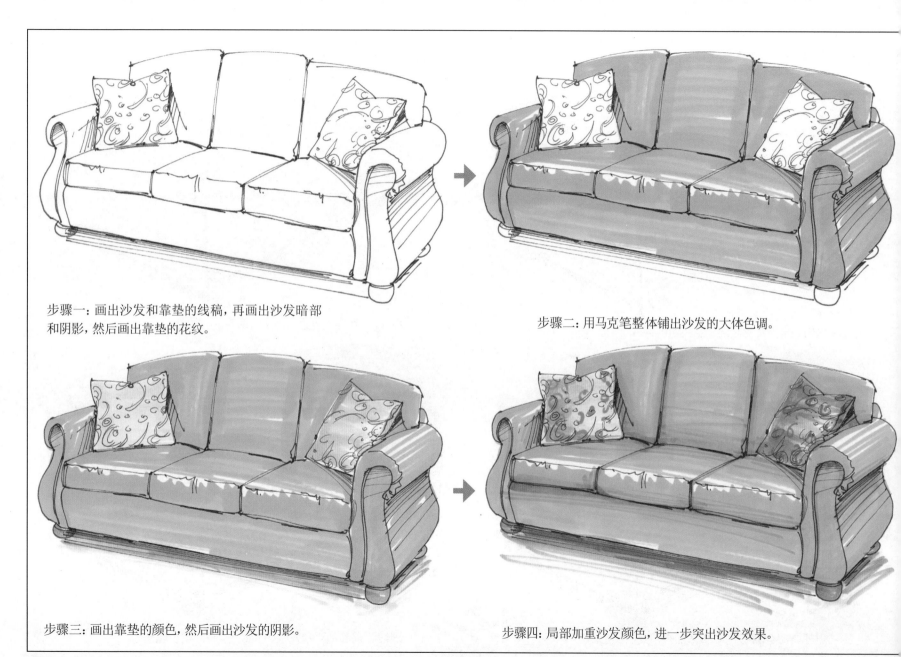

步骤一：画出沙发和靠垫的线稿，再画出沙发暗部和阴影，然后画出靠垫的花纹。

步骤二：用马克笔整体铺出沙发的大体色调。

步骤三：画出靠垫的颜色，然后画出沙发的阴影。

步骤四：局部加重沙发颜色，进一步突出沙发效果。

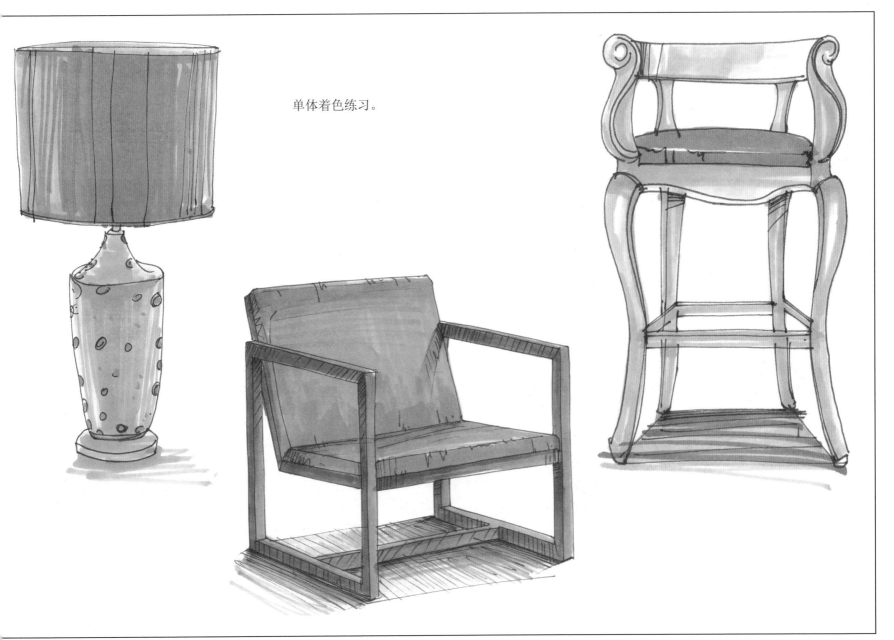

单体着色练习。

7.3 花艺表现步骤

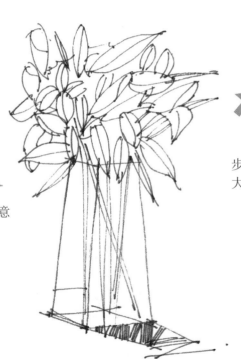

步骤一：用铅笔勾勒出花艺的轮廓，注意形要准确，线条要流畅。

步骤二：用勾线笔勾勒出花艺的墨线稿，并擦除铅笔线。

步骤三：用马克笔上出花和瓶子的大体色调。

步骤四：进一步丰富颜色，将花瓶表现完整，注意用笔要灵活。

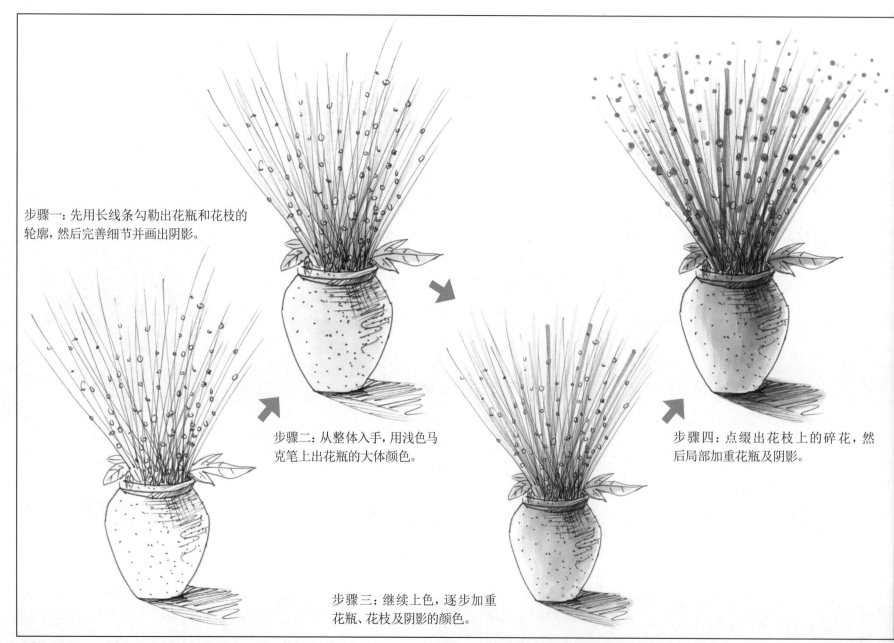

步骤一：先用长线条勾勒出花瓶和花枝的
轮廓，然后完善细节并画出阴影。

步骤二：从整体入手，用浅色马
克笔上出花瓶的大体颜色。

步骤三：继续上色，逐步加重
花瓶、花枝及阴影的颜色。

步骤四：点缀出花枝上的碎花，然
后局部加重花瓶及阴影。

步骤一：先用长线条勾勒出花瓶和花朵的大体轮廓，然后画出花瓶细节。

步骤二：用浅色马克笔整体上出花朵、叶子、花瓶和阴影的大体颜色。

步骤三：继续上色，逐步加重花朵、叶子和花瓶的颜色。

步骤四：用重色马克笔局部加重叶子、花朵和花瓶，完善画面。

7.4 墙砖表现

根据墙砖的不同材质，用马克笔绘出不同的质感。

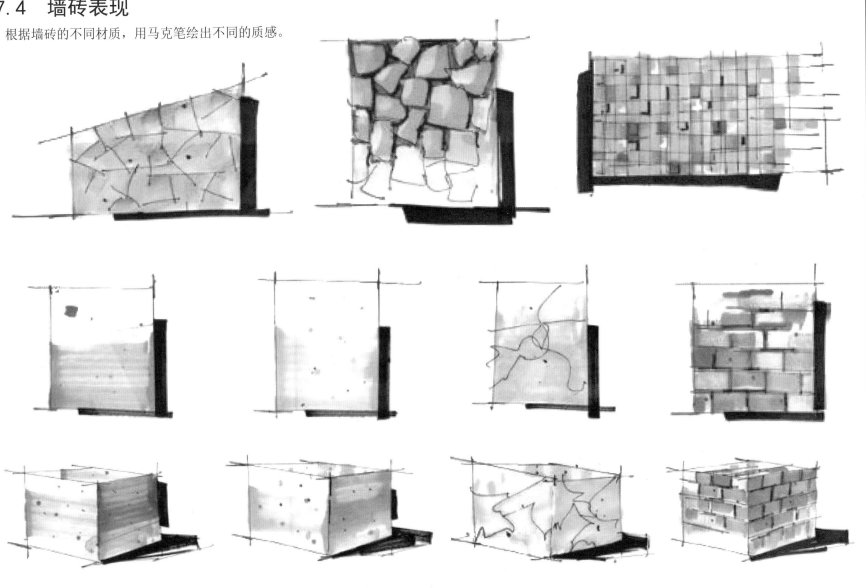

课 后 练 习

1. 简述马克笔上色的步骤和方法。
2. 选择本章灯饰的范例，按步骤进行临摹练习。
3. 选择本章沙发的范例，按步骤进行临摹练习。
4. 选择本章花艺的范例，按步骤进行临摹练习。
5. 找一些家具图片，先画出线稿，然后用马克笔上色。

第8章 组合局部上色表现

画组合的难度比画单体的难度大，在画时也是从整体入手，注意相互之间的关系和整体的透视，将一组组合画完整。

8.1 马克笔着色要点

（1）先考虑画面整体色调，再考虑局部色彩对比，甚至整体笔触的运用和细部笔触的变化，做到心中有数再动手。与黑白稿一样，先从视觉重心着手，详细刻画，注意物体的质感表现和光影表现。另外，注意笔触的变化，不要平涂，要由浅到深地刻画，注意虚实变化，尽量不让色彩渗出物体轮廓线。

（2）整体铺开润色，运用灵活多变的笔触，而彩铅能为整个画面的协调起到很大的作用，包括远景的刻画、特殊质感的刻画。

（3）调整画面平衡度和疏密关系，注意物体色彩的变化，把环境色考虑进去，进一步加强因着色而模糊的结构线，用修正液修改错误的结构线和渗出轮廓线的色彩，同时提高物体的高光点和光源的发光点。

在上色过程中要注意：运笔过程中下笔要快，否则由于笔头的停顿时间过长会出现颜色不均现象。灵活运用笔头的粗细变化，以满足不同形态、材质、光影变化的需要。运用宽笔头绘画时，尽量令笔头与纸面平行。

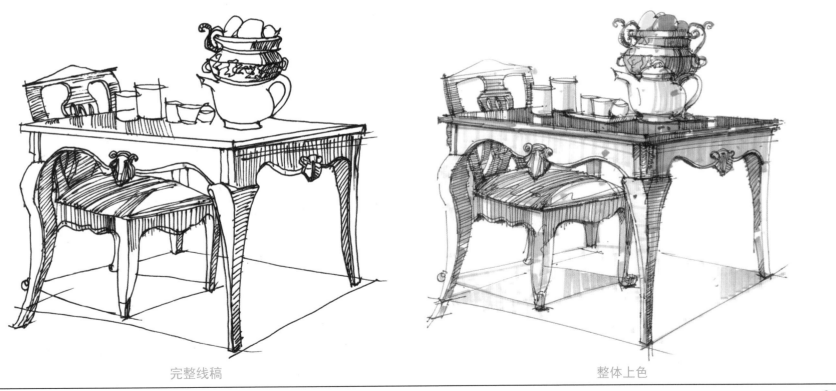

完整线稿　　　　　　　　　　　　　　　　　　整体上色

8.2 椅子局部表现

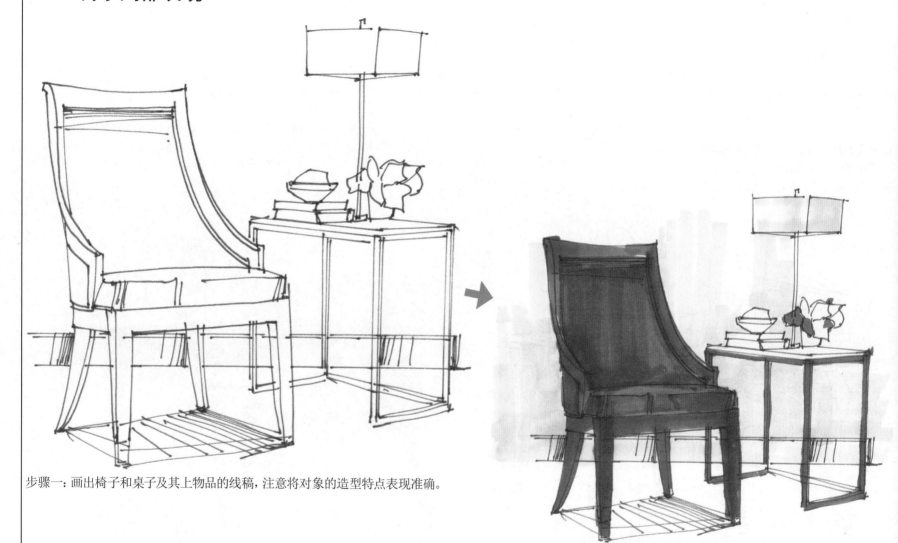

步骤一：画出椅子和桌子及其上物品的线稿，注意将对象的造型特点表现准确。

步骤二：用马克笔先上出椅子和桌腿的颜色，再铺出墙面的大体颜色。

步骤三：进一步上出桌面、花卉及台灯的颜色，然后画出地面阴影及地毯，并用高光笔调整画面。

8.3 中式椅局部表现

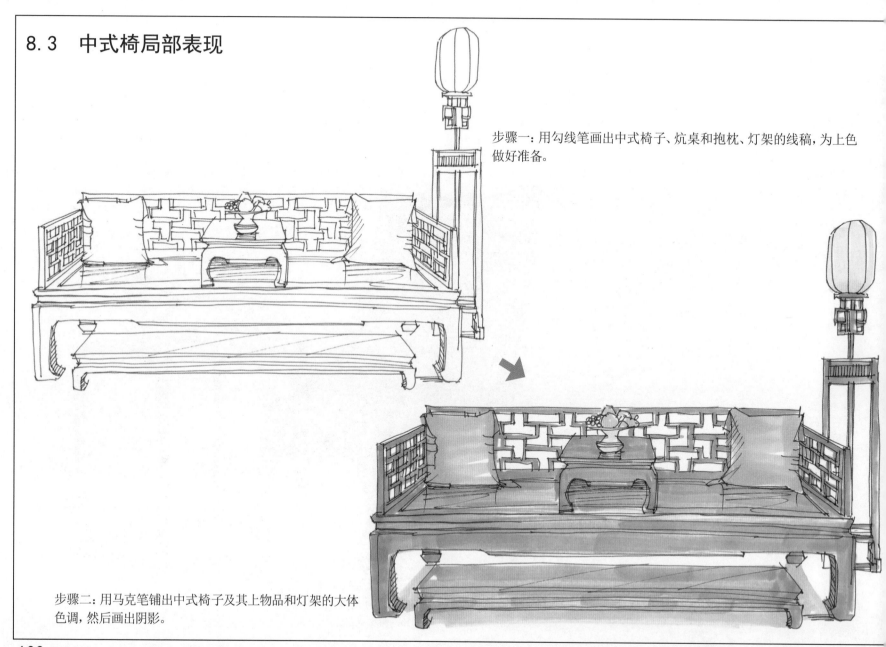

步骤一：用勾线笔画出中式椅子、炕桌和抱枕、灯架的线稿，为上色做好准备。

步骤二：用马克笔铺出中式椅子及其上物品和灯架的大体色调，然后画出阴影。

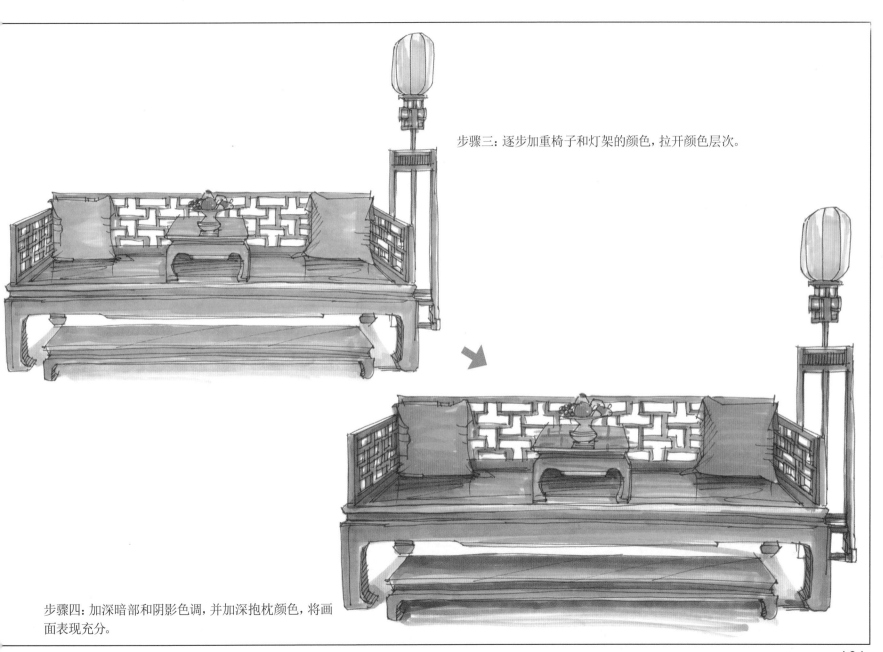

步骤三：逐步加重椅子和灯架的颜色，拉开颜色层次。

步骤四：加深暗部和阴影色调，并加深抱枕颜色，将画面表现充分。

8.4 电视柜局部表现

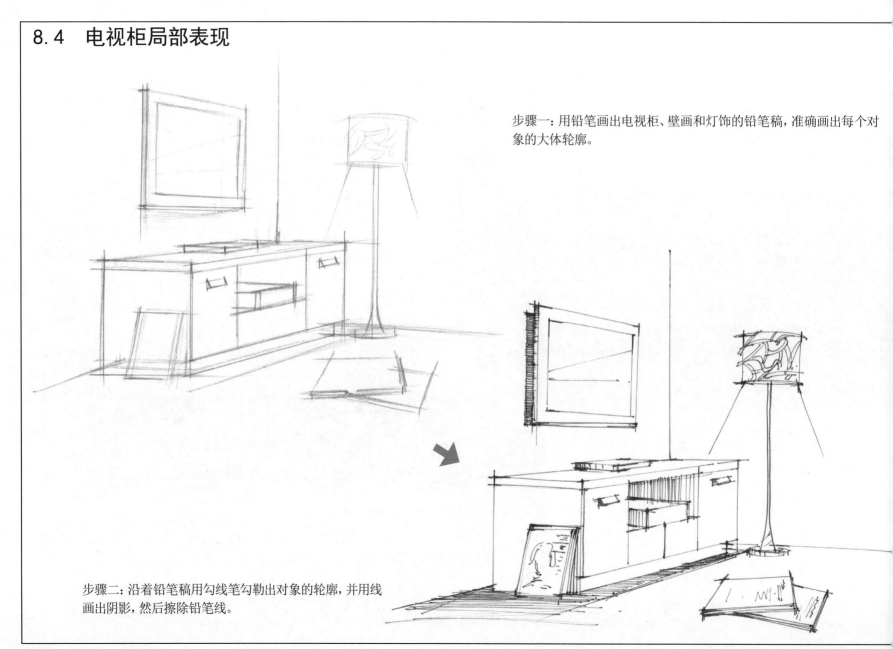

步骤一：用铅笔画出电视柜、壁画和灯饰的铅笔稿，准确画出每个对象的大体轮廓。

步骤二：沿着铅笔稿用勾线笔勾勒出对象的轮廓，并用线画出阴影，然后擦除铅笔线。

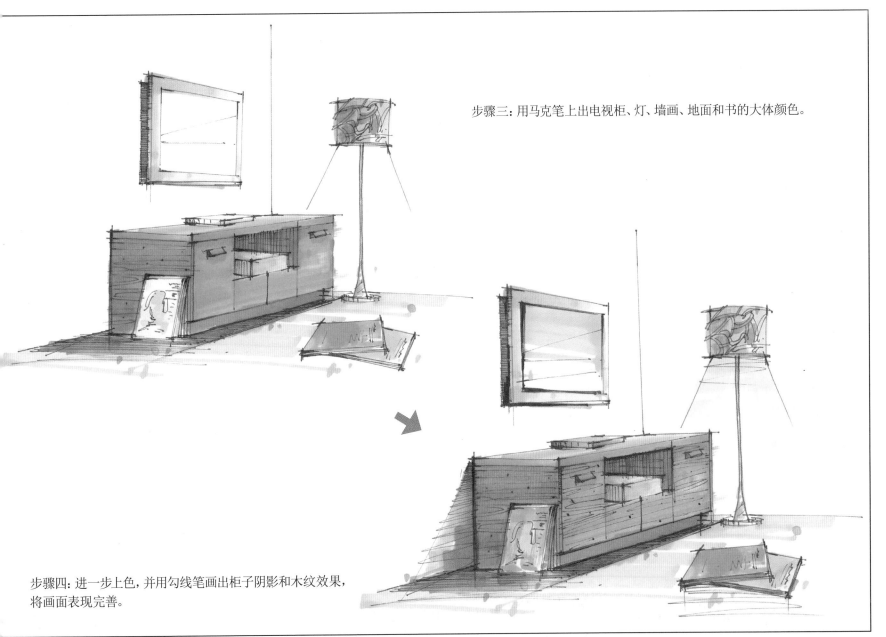

步骤三：用马克笔上出电视柜、灯、墙画、地面和书的大体颜色。

步骤四：进一步上色，并用勾线笔画出柜子阴影和木纹效果，将画面表现完善。

8.5 沙发局部表现一

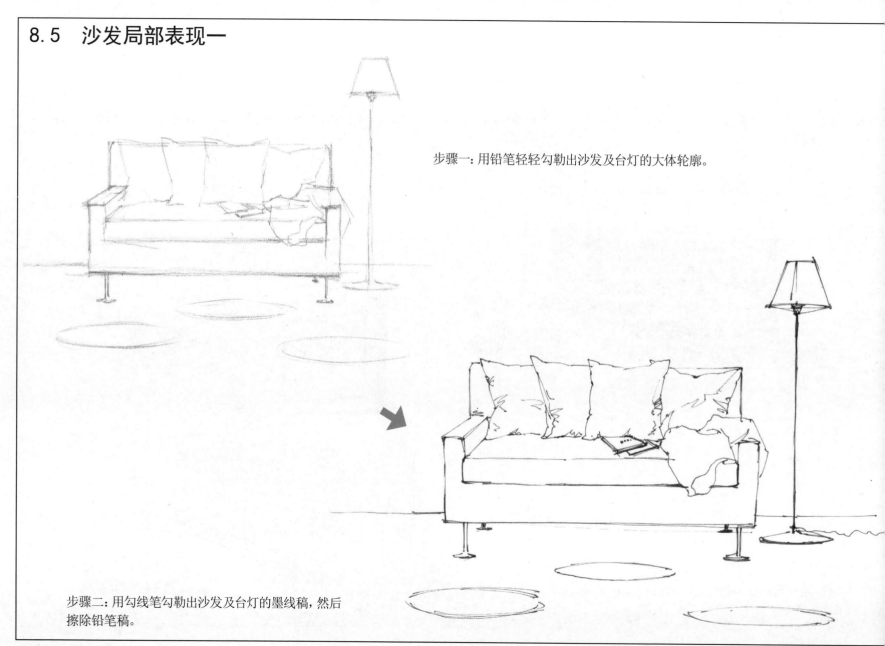

步骤一: 用铅笔轻轻勾勒出沙发及台灯的大体轮廓。

步骤二: 用勾线笔勾勒出沙发及台灯的墨线稿, 然后擦除铅笔稿。

步骤三：先用勾线笔画出靠垫及沙发阴影，然后用马克笔上出沙发、地垫及台灯的大体颜色。

步骤四：进一步上色，丰富画面，表现出沙发局部的特点。

8.6 休闲沙发局部表现

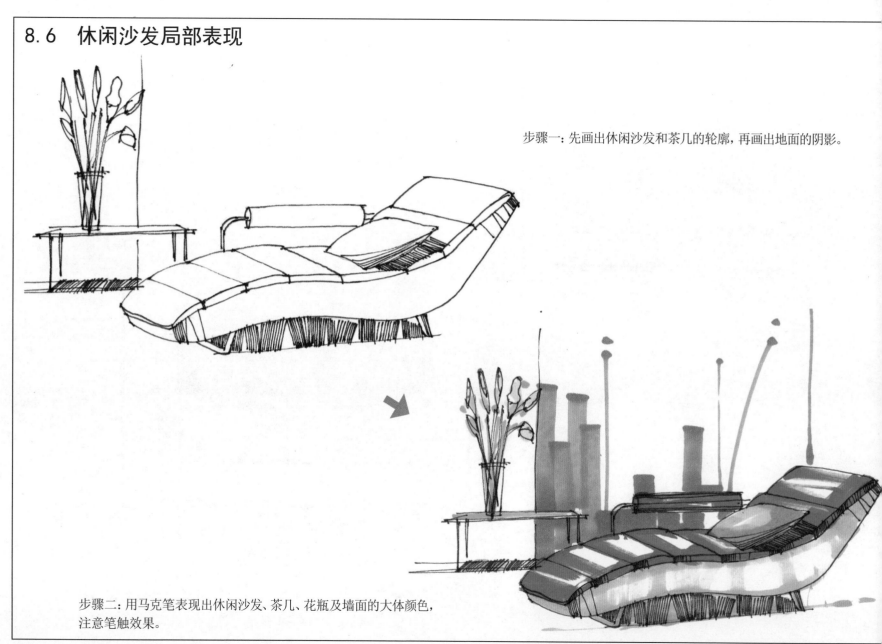

步骤一：先画出休闲沙发和茶几的轮廓，再画出地面的阴影。

步骤二：用马克笔表现出休闲沙发、茶几、花瓶及墙面的大体颜色，注意笔触效果。

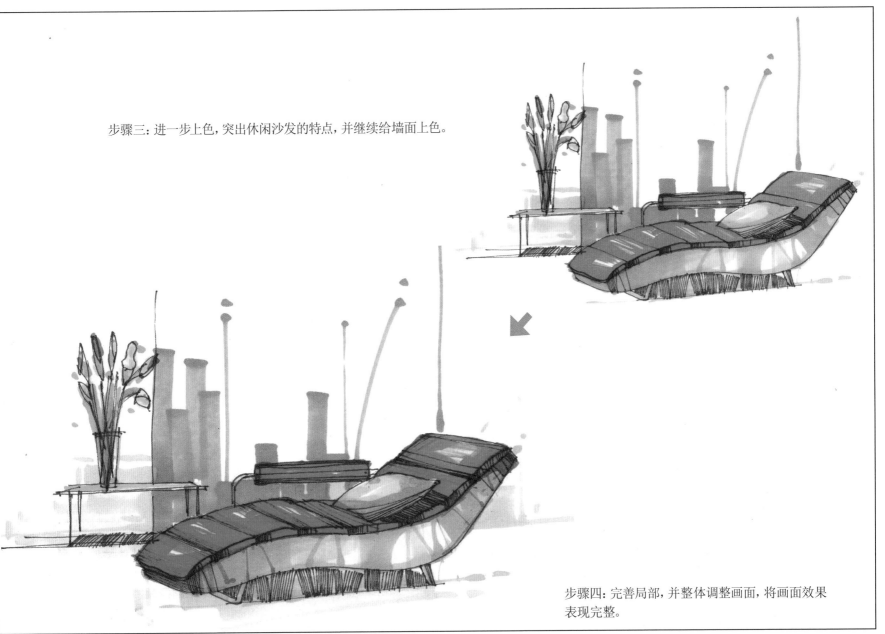

步骤三：进一步上色，突出休闲沙发的特点，并继续给墙面上色。

步骤四：完善局部，并整体调整画面，将画面效果表现完整。

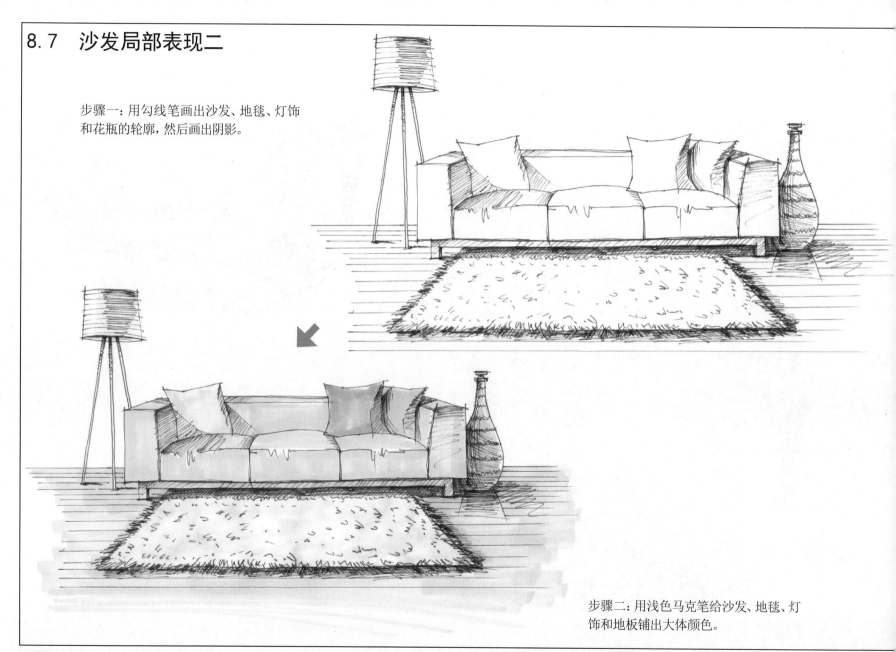

8.7 沙发局部表现二

步骤一：用勾线笔画出沙发、地毯、灯饰和花瓶的轮廓，然后画出阴影。

步骤二：用浅色马克笔给沙发、地毯、灯饰和地板铺出大体颜色。

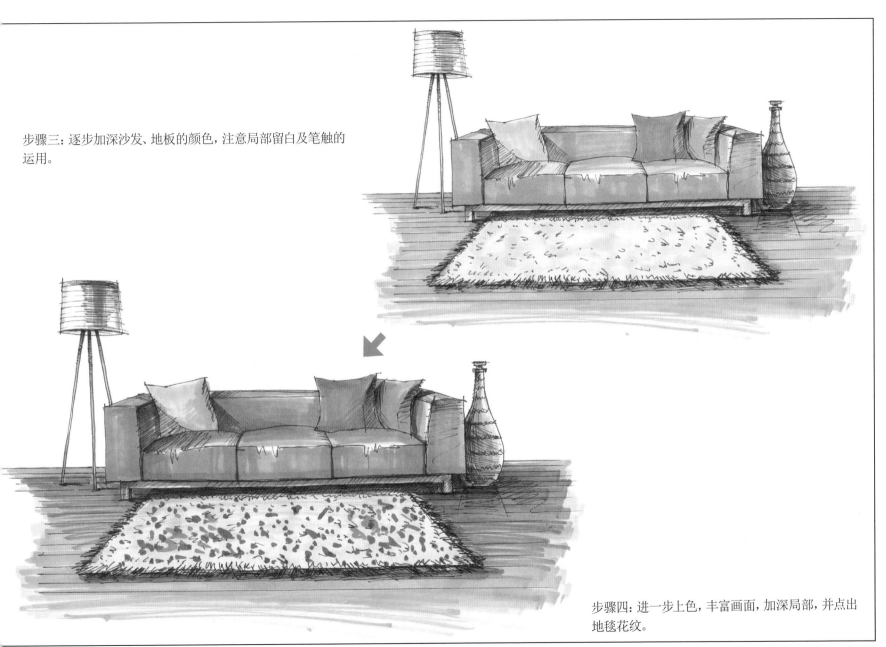

步骤三：逐步加深沙发、地板的颜色，注意局部留白及笔触的运用。

步骤四：进一步上色，丰富画面，加深局部，并点出地毯花纹。

8.8 床局部表现

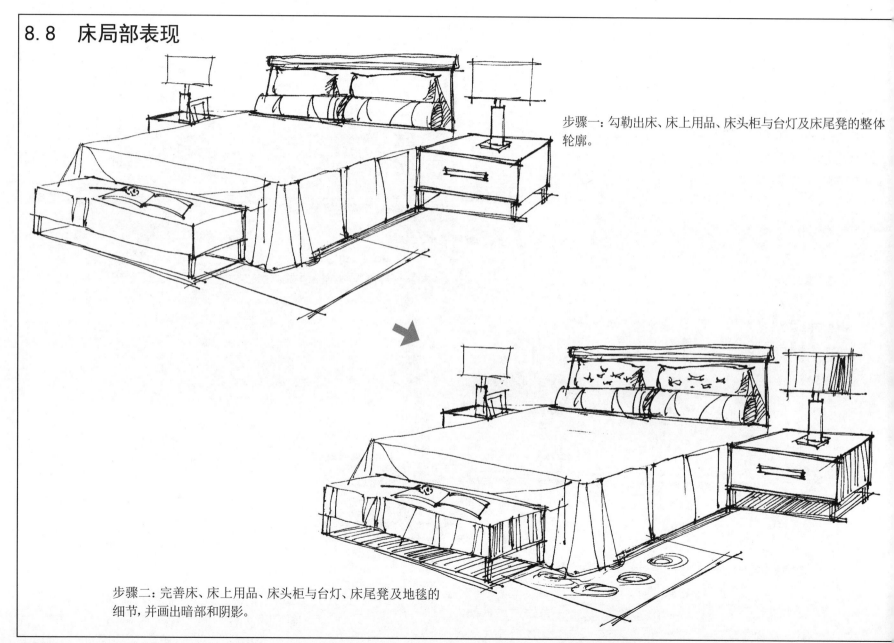

步骤一：勾勒出床、床上用品、床头柜与台灯及床尾凳的整体轮廓。

步骤二：完善床、床上用品、床头柜与台灯、床尾凳及地毯的细节，并画出暗部和阴影。

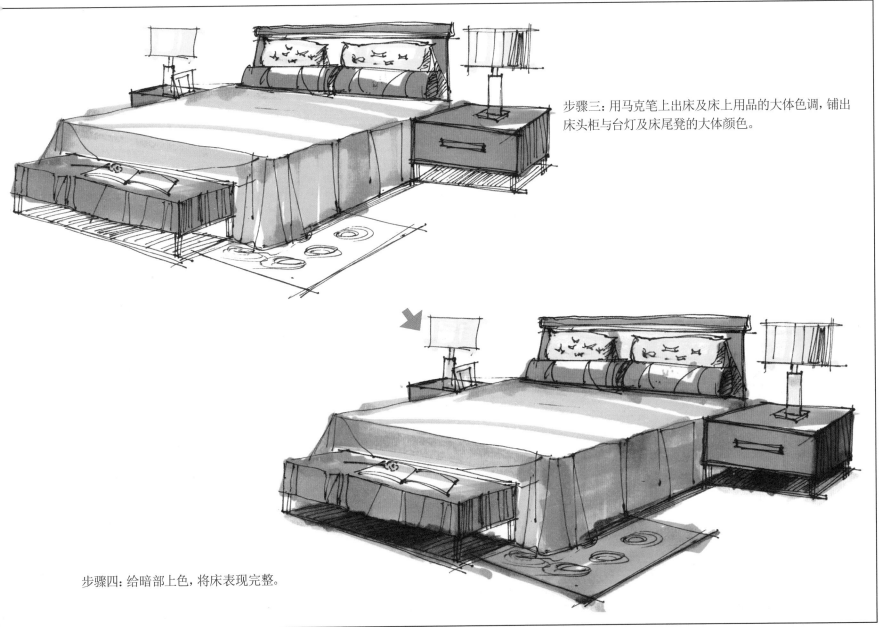

步骤三：用马克笔上出床及床上用品的大体色调，铺出床头柜与台灯及床尾凳的大体颜色。

步骤四：给暗部上色，将床表现完整。

8.9 欧式椅局部表现

步骤一：先用勾线笔画出欧式椅、花艺台、墙面和窗户的轮廓，然后画出欧式椅的纹理及墙面壁纸的花纹。

步骤二：用马克笔铺出欧式椅、花艺台、墙面及地面的大体颜色。

步骤三：继续上色，丰富画面颜色，完善画面效果。　　步骤四：表现画面细节，画出欧式椅和花艺台的细节颜色，将画面表现充分。

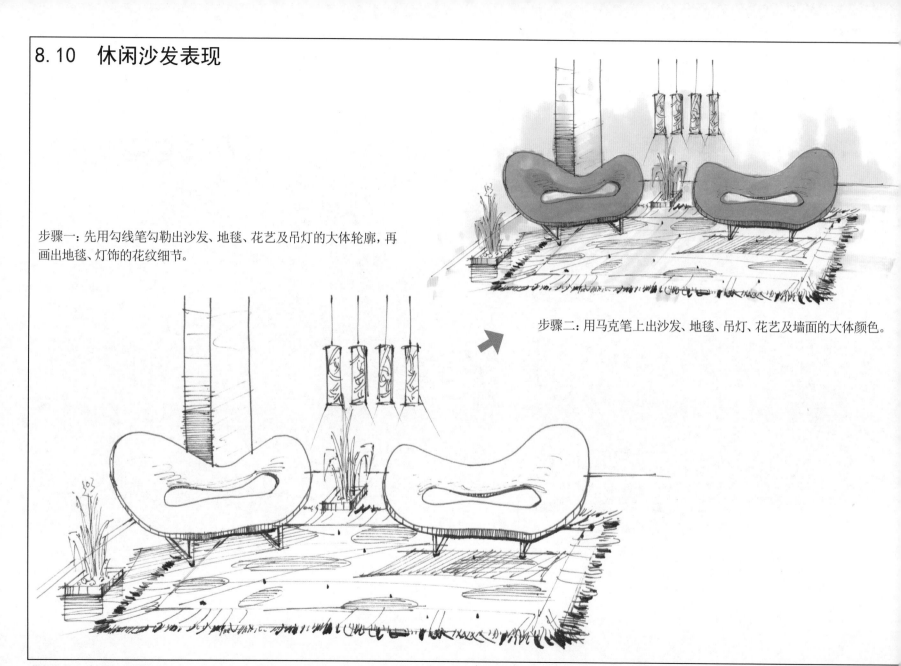

8.10 休闲沙发表现

步骤一：先用勾线笔勾勒出沙发、地毯、花艺及吊灯的大体轮廓，再画出地毯、灯饰的花纹细节。

步骤二：用马克笔上出沙发、地毯、吊灯、花艺及墙面的大体颜色。

步骤三：加重沙发及地毯的色调，进一步丰富地毯的花纹细节颜色。

步骤四：调整画面整体效果，将沙发局部效果表现完整。

8.11 玄关局部表现

步骤一：用勾线笔画出玄关造型线稿，注意透视准确。

步骤二：用马克笔上出玄关的大体色调，注意颜色透明并留白。

步骤三：加重局部颜色，画出花艺，进一步完善画面效果。

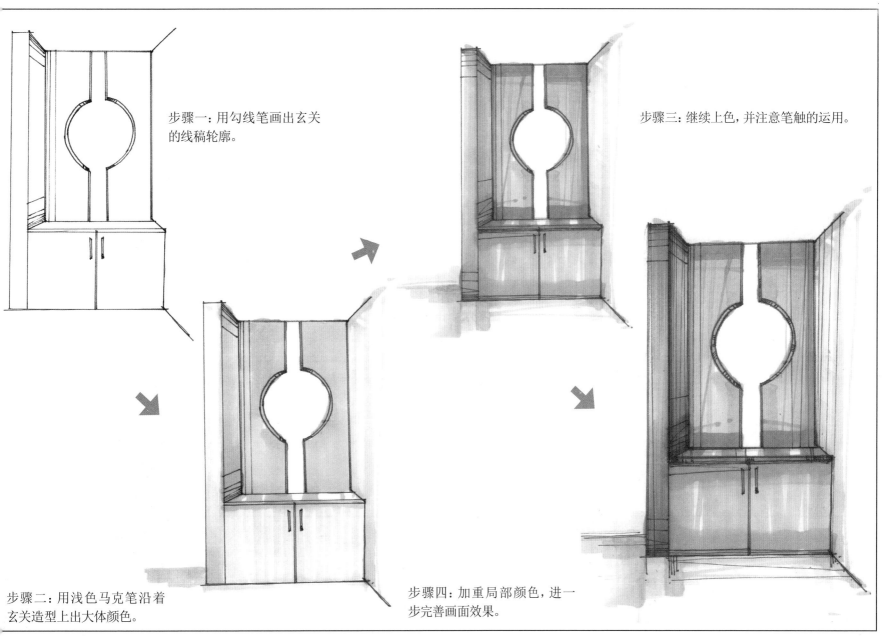

步骤一：用勾线笔画出玄关的线稿轮廓。

步骤三：继续上色，并注意笔触的运用。

步骤二：用浅色马克笔沿着玄关造型上出大体颜色。

步骤四：加重局部颜色，进一步完善画面效果。

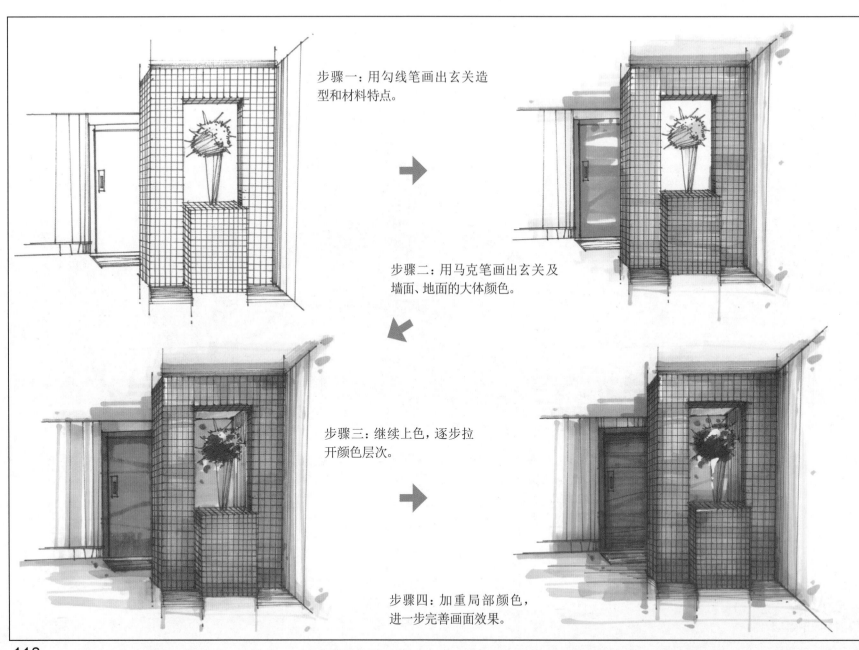

步骤一：用勾线笔画出玄关造型和材料特点。

步骤二：用马克笔画出玄关及墙面、地面的大体颜色。

步骤三：继续上色，逐步拉开颜色层次。

步骤四：加重局部颜色，进一步完善画面效果。

课 后 练 习

1. 选择本章椅子局部表现，按步骤进行临摹练习。
2. 选择本章电视柜局部表现，按步骤进行临摹练习。
3. 选择本章沙发局部表现，按步骤进行临摹练习。
4. 选择本章玄关局部表现，按步骤进行临摹练习。
5. 找一些组合家具局部图片，先勾勒出线稿，用马克笔上色。

第9章　简单空间表现

9.1　沙发近景表现

多画小场景的组合是十分有好处的，不但可以练习手绘表达能力，而且还可以积累素材和经验，为画复杂场景打下基础。

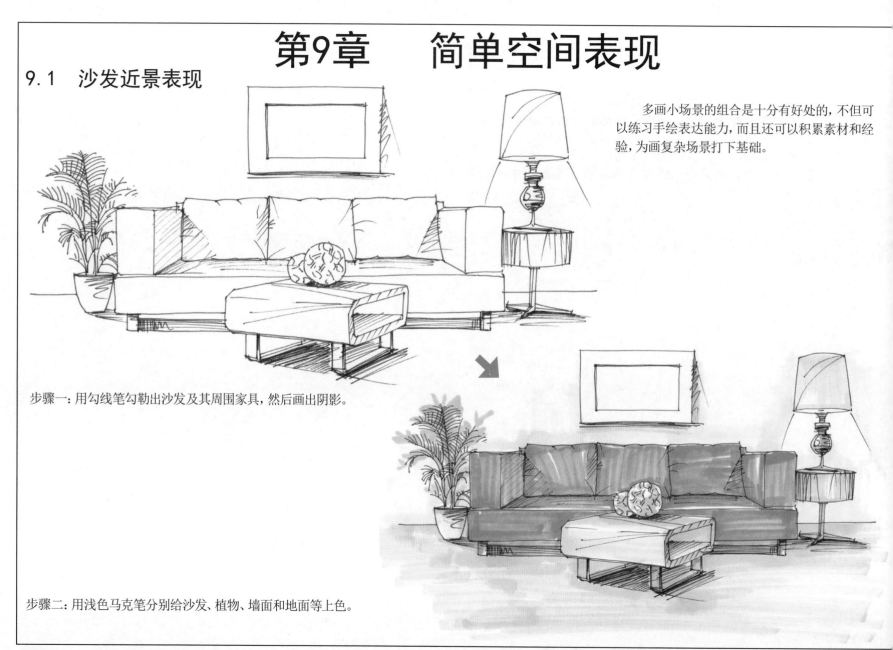

步骤一：用勾线笔勾勒出沙发及其周围家具，然后画出阴影。

步骤二：用浅色马克笔分别给沙发、植物、墙面和地面等上色。

步骤三：进一步给沙发、地面和植物上色，注意笔触和留白。

步骤四：加重暗部和阴影色调，拉开画面层次，将沙发局部表现完整。

9.2 中式沙发床局部表现

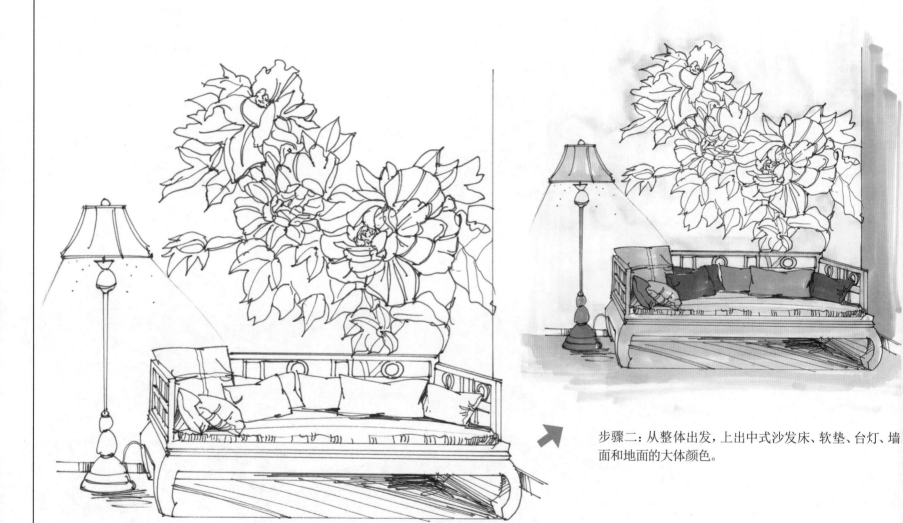

步骤二：从整体出发，上出中式沙发床、软垫、台灯、墙面和地面的大体颜色。

步骤一：先画出中式沙发床及其上的物体、台灯的轮廓，然后画出墙纸花卉，并给沙发床画出阴影。

步骤三：加重床和地面的色调，然后画出墙纸牡丹的颜色。

步骤四：进一步调整画面，表现画面细节，充分表现出整体效果。

9.3 门厅局部表现

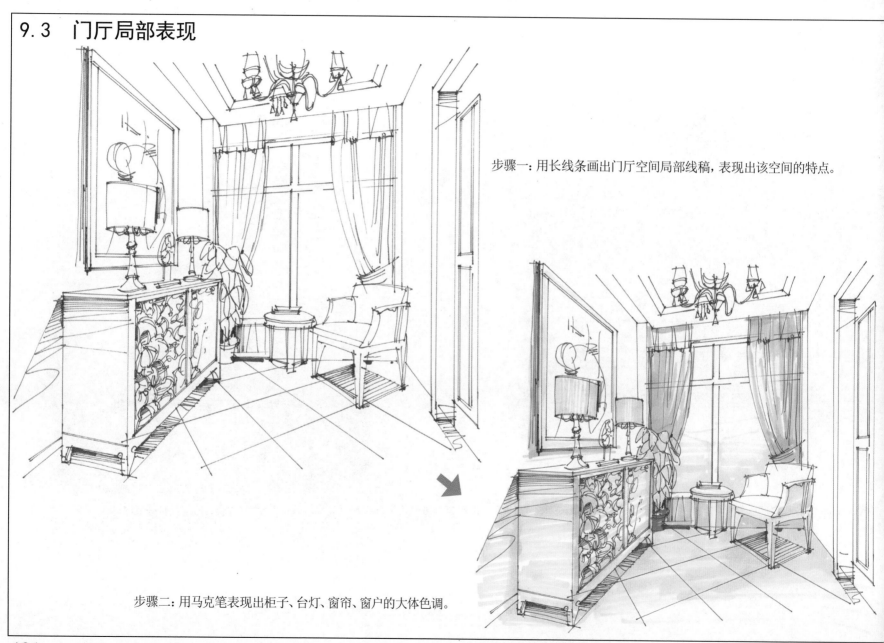

步骤一：用长线条画出门厅空间局部线稿，表现出该空间的特点。

步骤二：用马克笔表现出柜子、台灯、窗帘、窗户的大体色调。

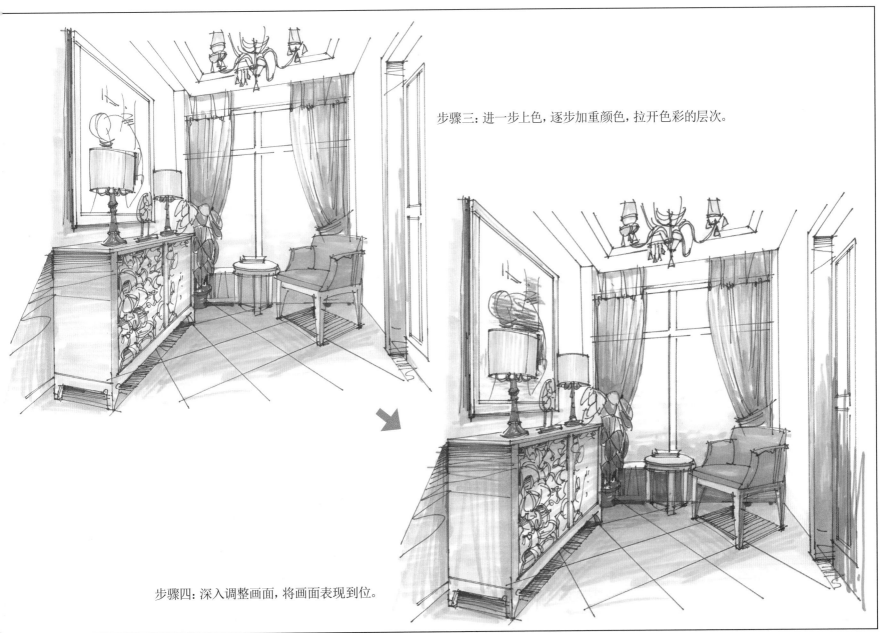

步骤三：进一步上色，逐步加重颜色，拉开色彩的层次。

步骤四：深入调整画面，将画面表现到位。

9.4　客厅局部表现

对于复杂一些的空间，刚开始起稿时，可以先用铅笔勾勒轮廓，如果画不准确，可以随时方便修改。

步骤一：用铅笔画出沙发和背景墙的大体轮廓。

步骤二：用勾线笔细化线稿，画出沙发细节和阴影，并画出灯饰，擦除铅笔线稿。

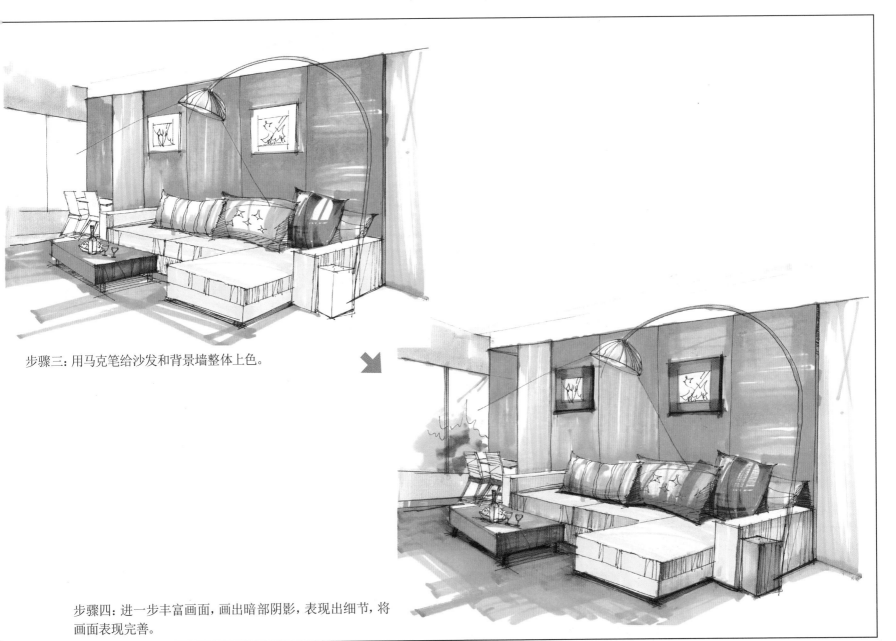

步骤三：用马克笔给沙发和背景墙整体上色。

步骤四：进一步丰富画面，画出暗部阴影，表现出细节，将
画面表现完善。

9.5 家居局部表现作品

　　沙发和沙发背景墙是表现的重点，不同角度、不同造型的沙发搭配不同的背景，可以营造出不同的氛围。

129

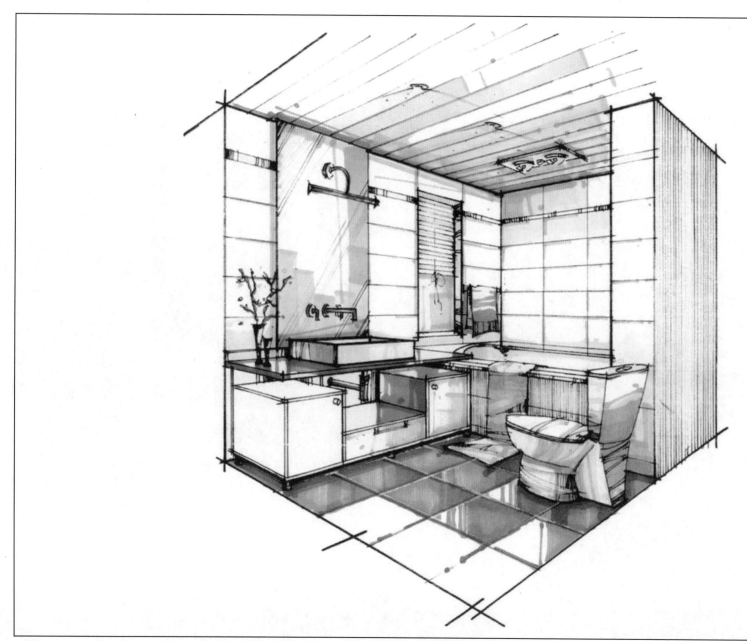

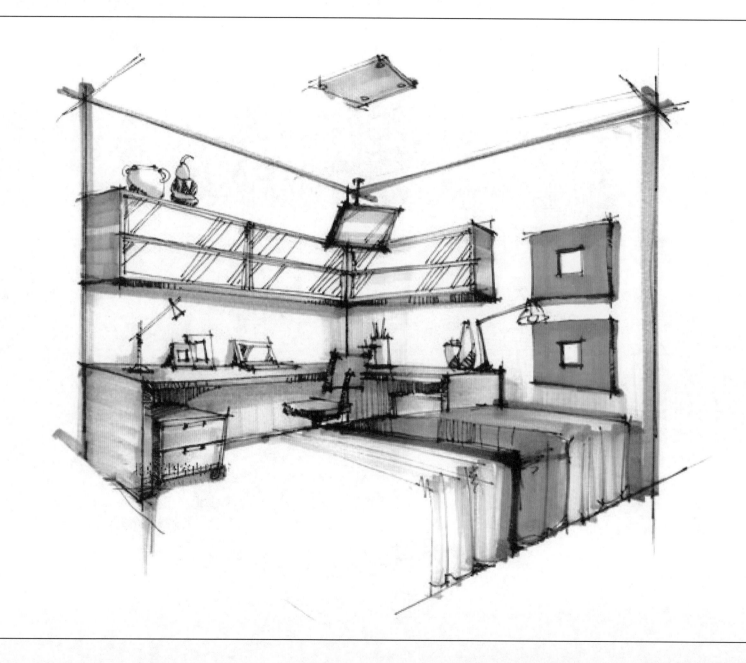

课 后 练 习

1. 分析并简述简单空间的线稿和色稿表现方法。
2. 选择本章一沙发局部效果，按步骤进行临摹练习。
3. 选择本章玄关局部效果，按步骤进行临摹练习。
4. 选择一些简单空间局部图片，先画出线稿，然后用马克笔上色。
5. 设计客厅沙发局部，画出线稿并上色。

第10章　　家居空间表现

10.1　手绘效果图技法及步骤

(1) 在设计构思成熟后，用铅笔起稿，把每一部分结构都表现到位。

(2) 用黑勾线笔描绘前，要清楚准备把哪一部分作为重点表现，然后从这一部分着手刻画，同时把物体的受光、暗部、质感表现出来。注意：大的结构线可以借助工具，小的结构线尽量直接勾画，特别是沙发、地毯等丝织物，这样可以避免画面的呆板。

(3) 视觉重心刻画完后，开始拉伸空间，虚化远景及其他位置，完成后，把配景及小饰品点缀到位，进一步调整画面的线和面，打破画面生硬的感觉。

(4) 先考虑画面整体色调，再考虑局部色彩对比，甚至整体笔触的运用和细部笔触的变化。做到心中有数再动手。与黑白稿一样，先从视觉重心着手，详细刻画，注意物体的质感表现、光影表现及笔触的变化，不要平涂，而是由浅到深刻画，注意虚实变化，尽量不让色彩渗出物体轮廓线。

(5) 整体铺开润色，运用灵活多变的笔触，这里要提到的一点是彩铅的运用，彩铅为整个画面的协调起到很大的作用，包括远景的刻画、特殊感的刻画。

(6) 调整画面平衡度和疏密关系，注意物体色彩的变化，把环境色考虑进去，进一步加强因着色而模糊的结构线，用修正液修改错误的结构线和渗出轮廓线的色彩，同时提高物体的高光点和光源的发光点。

10.2　厨房的画法

家居空间的表现，相对要难一些，不但要准确地画出空间透视，还要注意各个对象间的比例关系。线稿画好后，上色要有条不紊，整体表现画面效果。

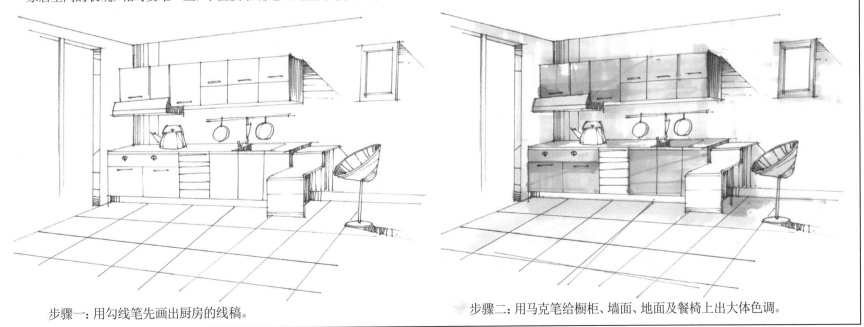

步骤一：用勾线笔先画出厨房的线稿。　　　　　　步骤二：用马克笔给橱柜、墙面、地面及餐椅上出大体色调。

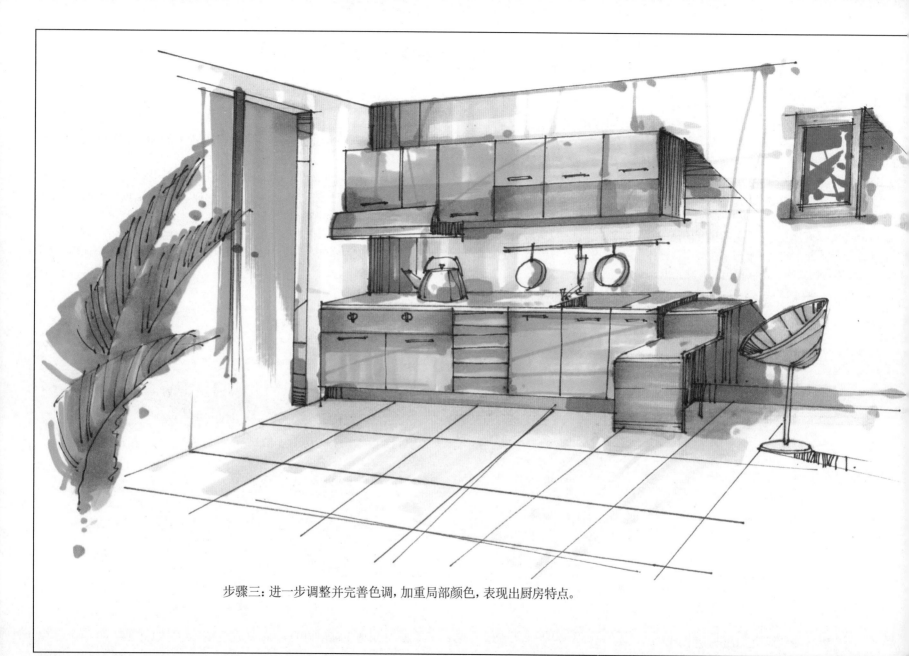

步骤三：进一步调整并完善色调，加重局部颜色，表现出厨房特点。

步骤一：画出餐厅空间线稿，注意透视准确，并保持画面整体。

步骤二：进一步完善线稿，画出家具暗部和阴影，为上色做好准备。

步骤三：用马克笔给墙面、餐桌、灯饰、地面及绿植上出大体颜色。

步骤四：进一步给画面上颜色，并用高光笔提出高光，将餐厅画面表现完整。

步骤一：画出卧室空间线稿，注意透视准确，并保持画面整体。

步骤二：进一步完善线稿，画出家具暗部和阴影，为上色做好准备。

步骤三：沿着透视方向和对象形体，给地面、床和其他家具上出大体颜色。

步骤四：加重局部颜色，丰富画面色调层次，表现出卧室的特点。

步骤一：整体画出客厅线稿，注意对象造型准确，画面透视合理。

步骤二：进一步完善线稿，画出家具的暗部和阴影，并保持画面的整体和协调。

步骤三：用浅色马克笔整体给客厅空间上色，画出客厅空间的大体效果。

步骤四: 给暗部和阴影上色, 并用高光笔提亮局部, 将客厅空间表现充分。

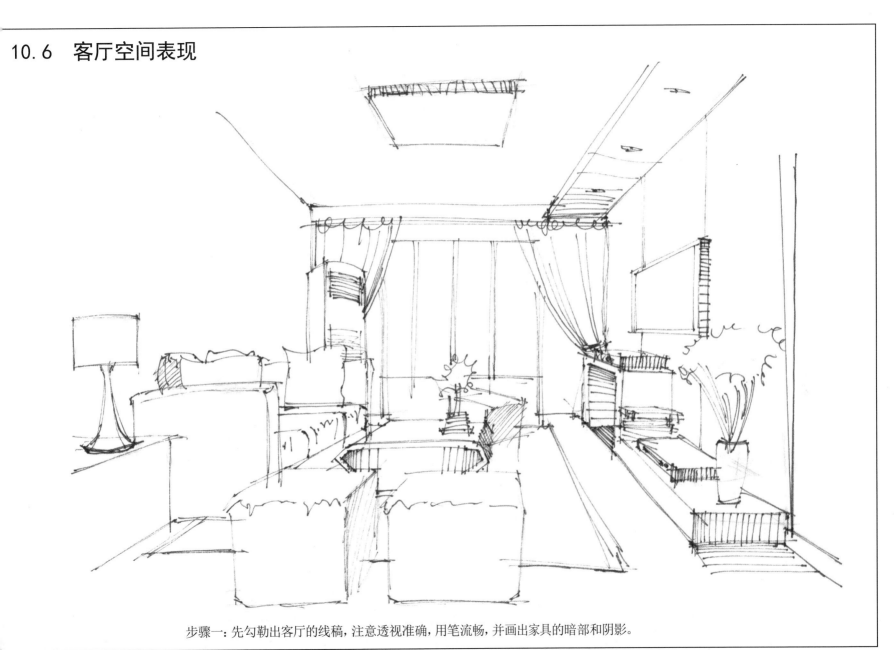

步骤一：先勾勒出客厅的线稿，注意透视准确，用笔流畅，并画出家具的暗部和阴影。

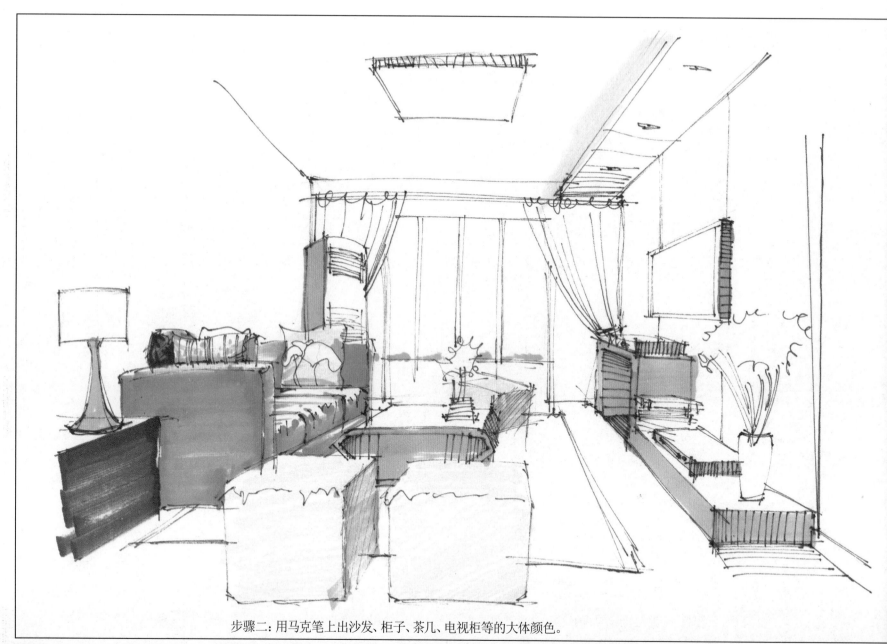

步骤二：用马克笔上出沙发、柜子、茶几、电视柜等的大体颜色。

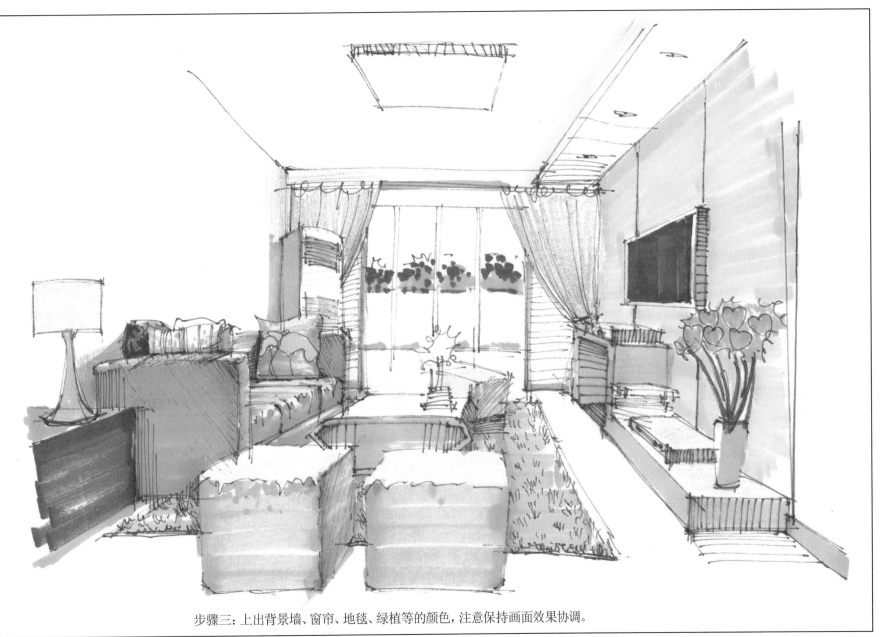

步骤三：上出背景墙、窗帘、地毯、绿植等的颜色，注意保持画面效果协调。

步骤四：进一步深入完善画面，并用彩色铅笔做局部调整，将画面表现完整。

10.7 中式客厅表现

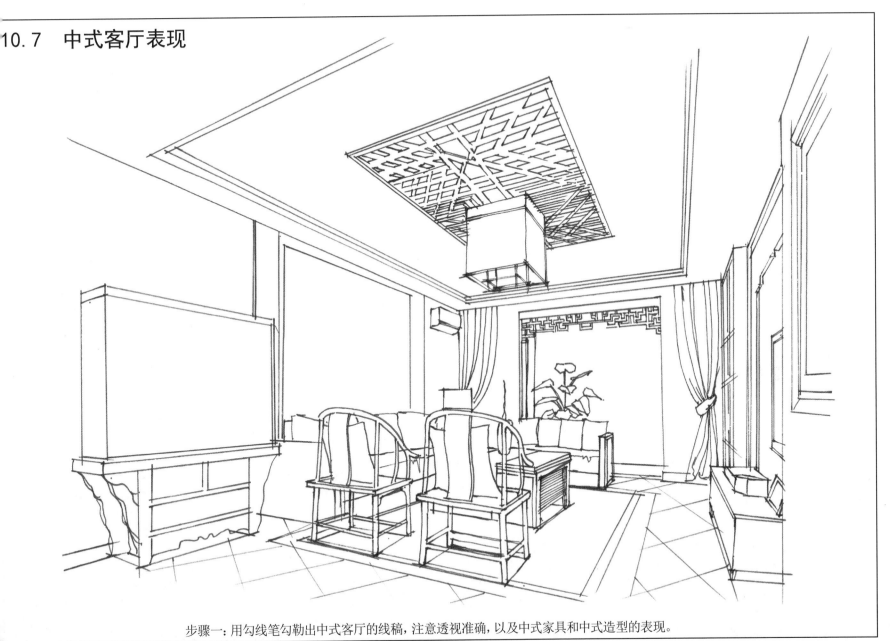

步骤一：用勾线笔勾勒出中式客厅的线稿，注意透视准确，以及中式家具和中式造型的表现。

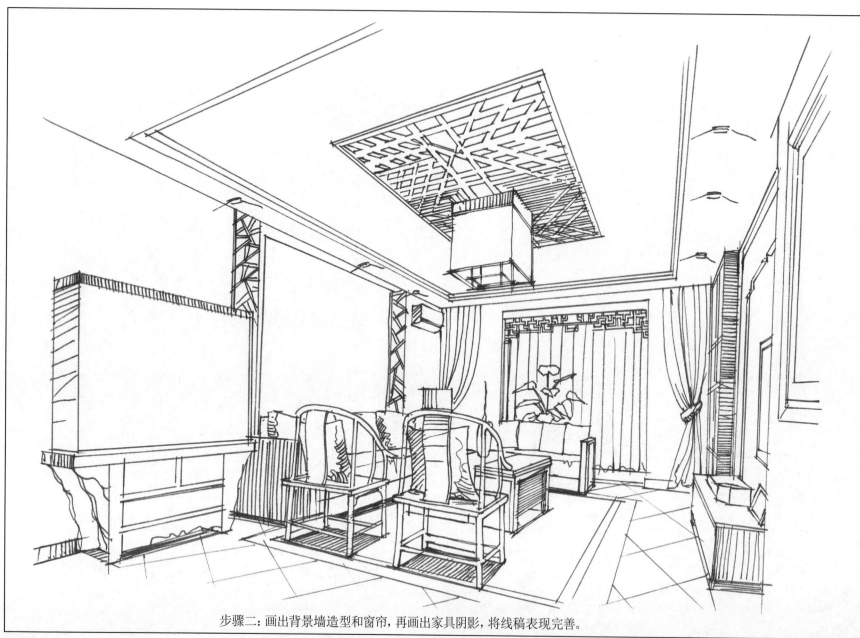

步骤二：画出背景墙造型和窗帘，再画出家具阴影，将线稿表现完善。

步骤三：整体上出家具、墙面、地面和绿植等的色调，初步表现出中式客厅的空间色调。

步骤四：画出背景墙、吊顶和地面等细节，然后完善画面效果，将中式客厅表现完善。

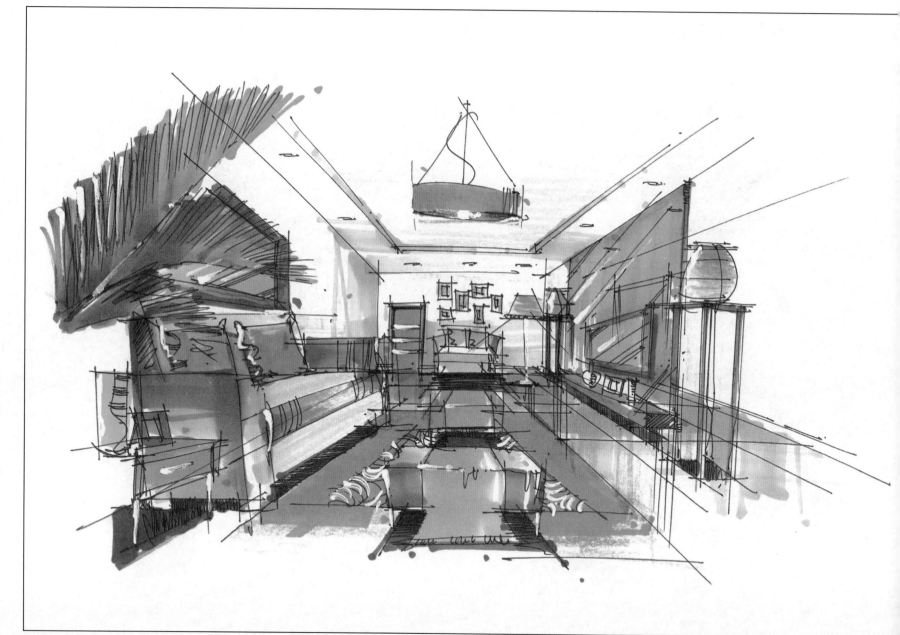

课 后 练 习

1. 选择本章餐厅空间效果，按步骤进行临摹练习。
2. 选择本章客厅空间效果，按步骤进行临摹练习。
3. 简述家装客厅空间、餐厅空间和卧室空间的表现方法与特点。
4. 设计一卧室效果，先勾勒出线稿，再用马克笔上色。
5. 设计一现代风格客厅，先勾勒出线稿，再用马克笔上色。

第11章　家居平面、立面表现

11.1　平面布局表现

　　家居设计手绘中也常会遇到平面和立面,平面图是以平面形式反映房间的布局、家具颜色搭配及组合,立面图以立面形式反映立面装饰造型效果,也是装饰设计表现的重要手段之一。

1.　小户型平面布局图表现

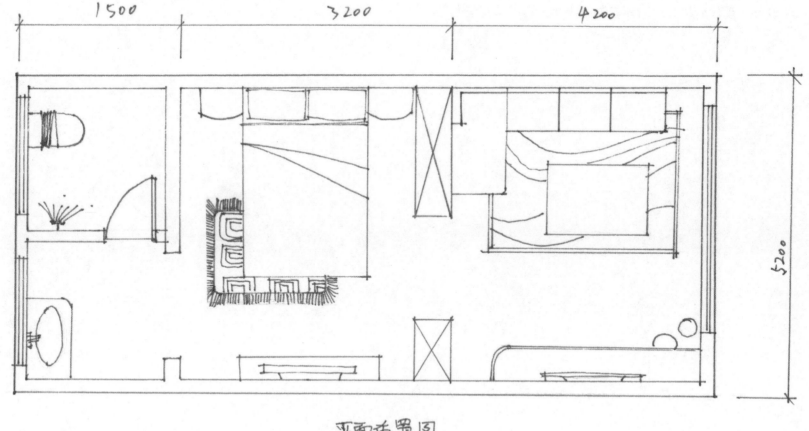

平面布置图

步骤一:先画出平面户型图,然后画出房间内的家具并标出尺寸。

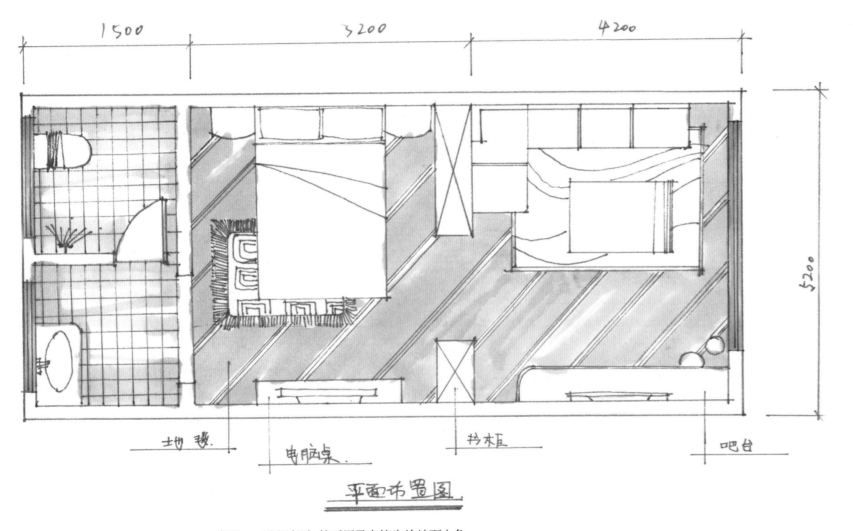

1500 3200 4200

5200

地毯. 电脑桌. 书柜 吧台

平面布置图

步骤二：画出地面，然后用马克笔先给地面上色。

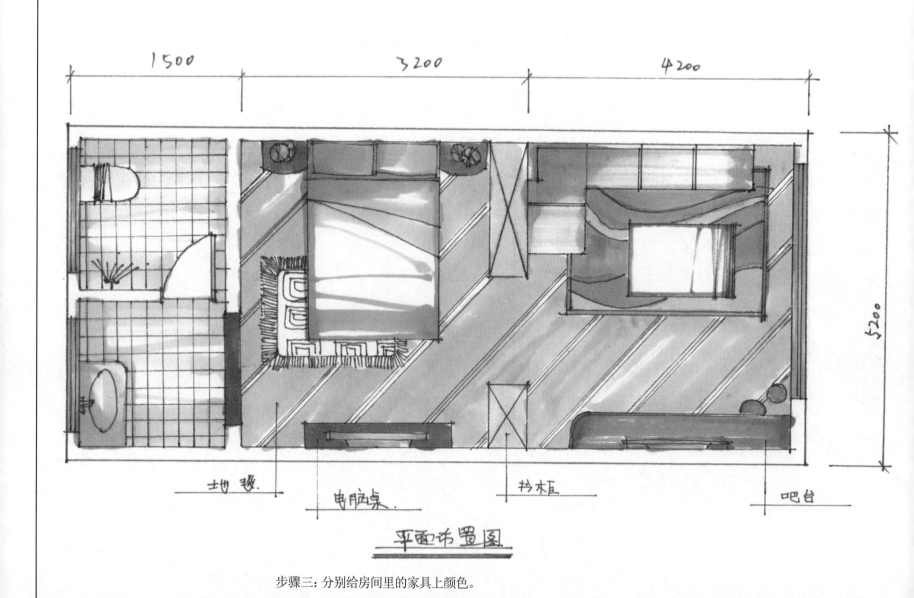

地毯. 电脑桌. 书柜 吧台

平面布置图

步骤三：分别给房间里的家具上颜色。

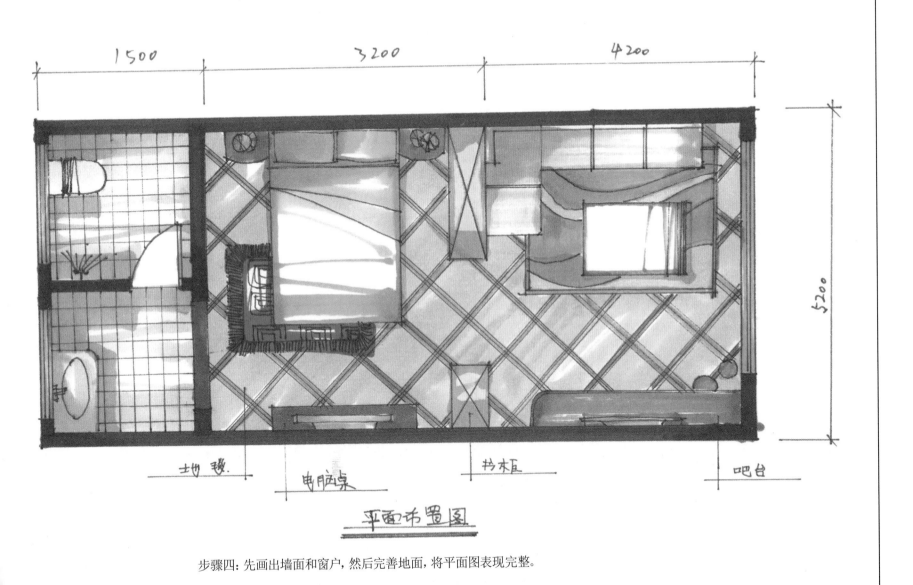

1500　　　　　3200　　　　　4200

5200

地毯.　　　　电脑桌　　　　书柜　　　　吧台

平面布置图

步骤四：先画出墙面和窗户，然后完善地面，将平面图表现完整。

2. 大户型平面布局图表现

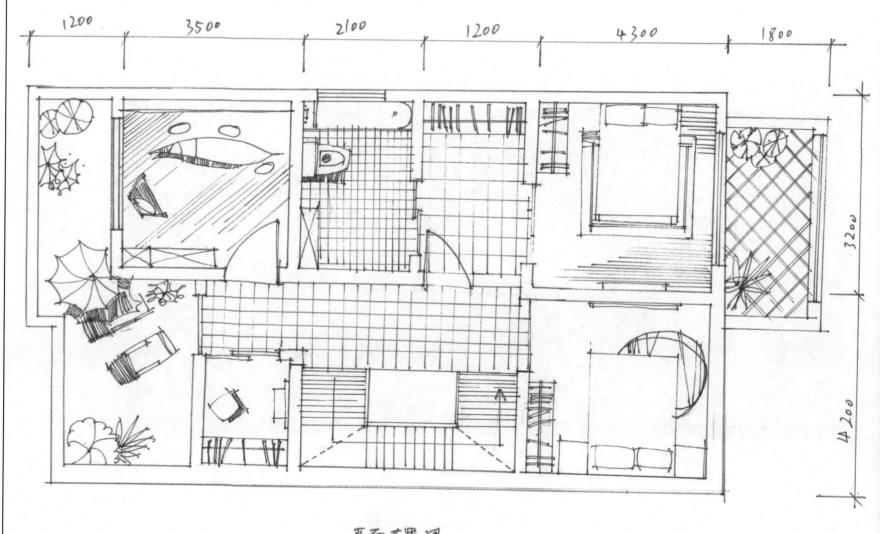

| 1200 | 3500 | 2100 | 1200 | 4300 | 1800 |

平面布置图.

步骤一：先画出房间平面布局，然后画出家具，接着画出地面，最后标出尺寸。

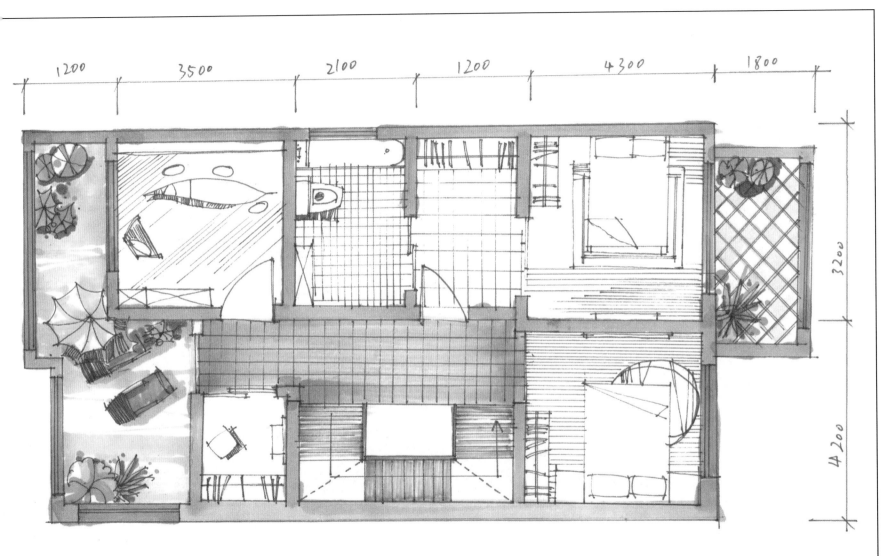

1200　　3500　　2100　　1200　　4300　　1800

3200

4200

平面布置图.

步骤二：用马克笔先上出房间墙面和地面的颜色，然后上出部分家具和植物的颜色。

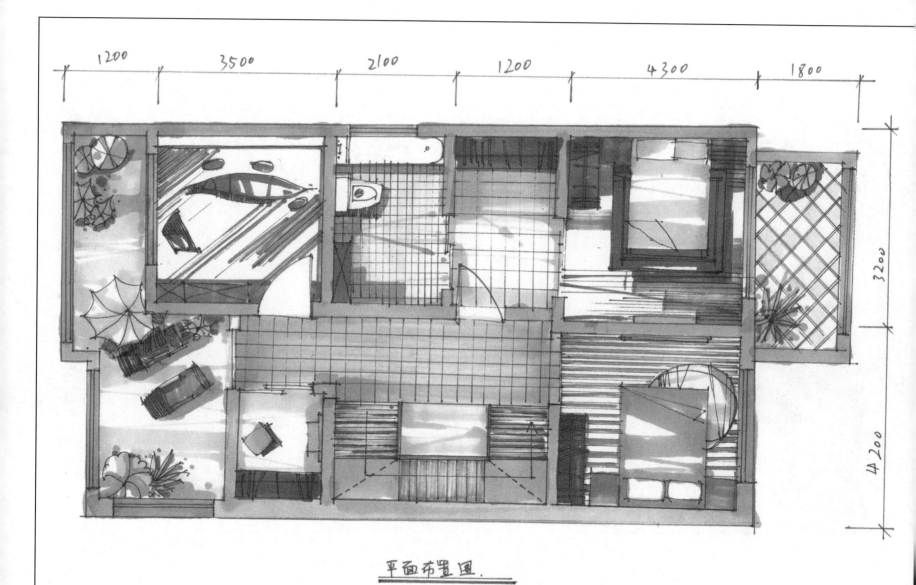

平面布置图.

步骤三：给地面和家具进一步上色，注意笔触和留白。

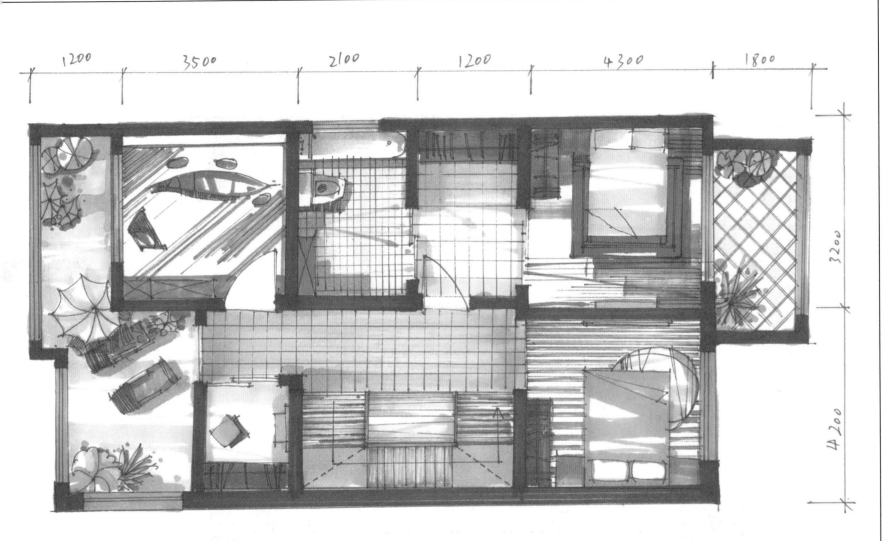

平面布置图.

步骤四：加深墙面颜色，然后整体调整画面，将平面布局图表现完整。

3. 家居平面布局图作品

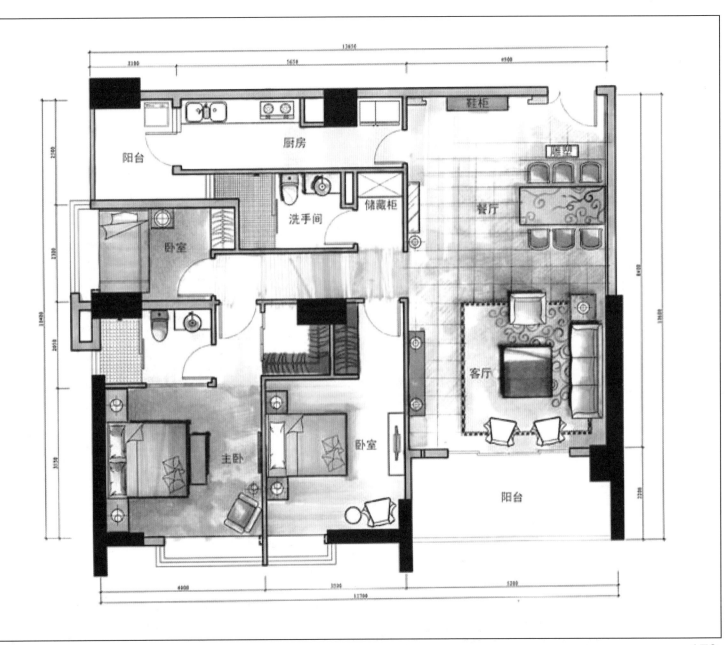

鞋柜

厨房

阳台

雕塑

餐厅

储藏柜

卧室

洗手间

客厅

主卧

卧室

阳台

11.2　家居立面图表现

立面图可以更直观、形象地反映装饰造型、材料等效果，在设计实践中也比较实用。

1.柜子立面图表现

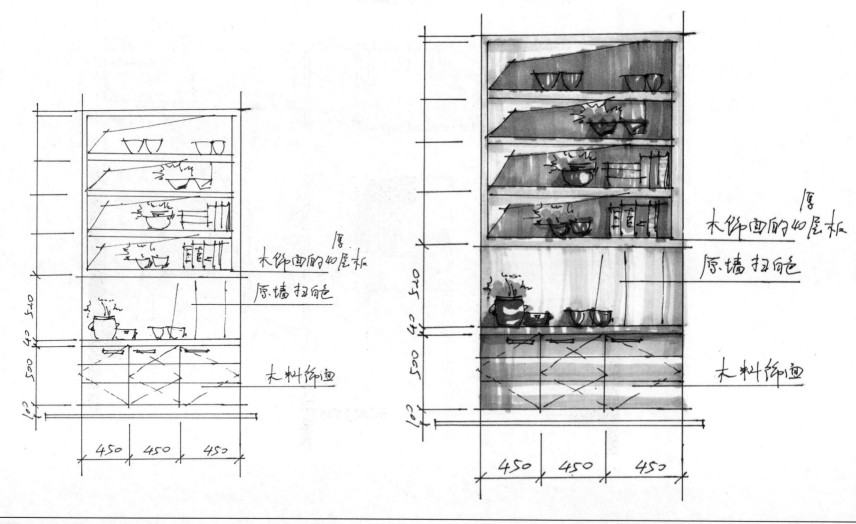

2. 卫生间立面（一）

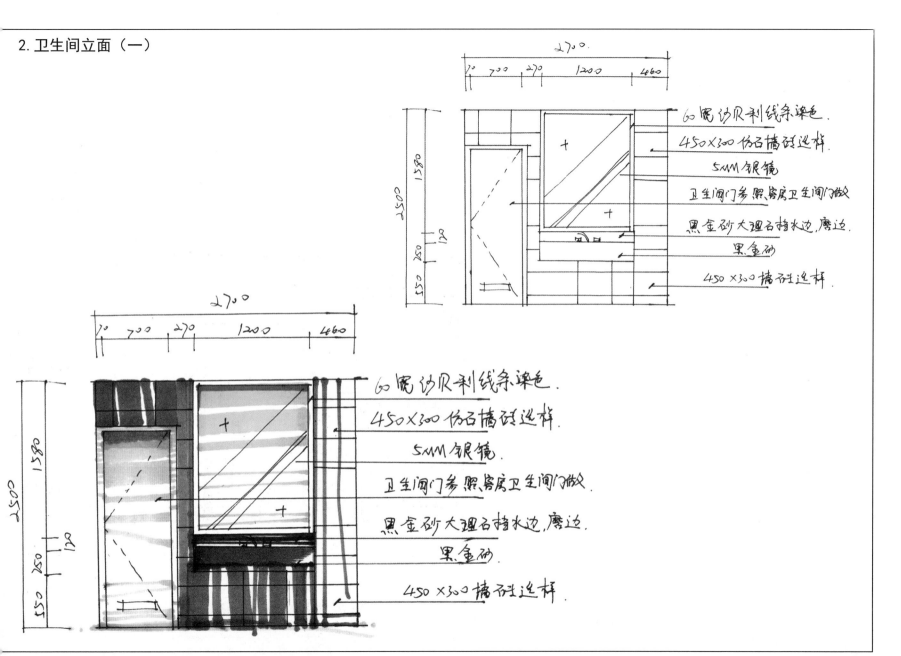

60宽砂尺利线条染色.

450×300 仿石墙砖选样.

5MM银镜

卫生间门参照客房卫生间门做

黑金砂大理石挡水边,磨边.

黑金砂

450×300 墙砖选样.

60宽砂尺利线条染色.

450×300 仿石墙砖选样.

5MM银镜.

卫生间门参照客房卫生间门做.

黑金砂大理石挡水边,磨边.

黑金砂.

450×300 墙砖选样.

3. 卫生间立面（二）

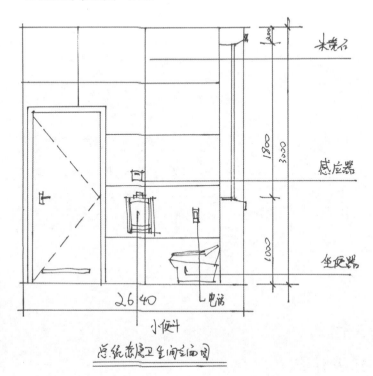

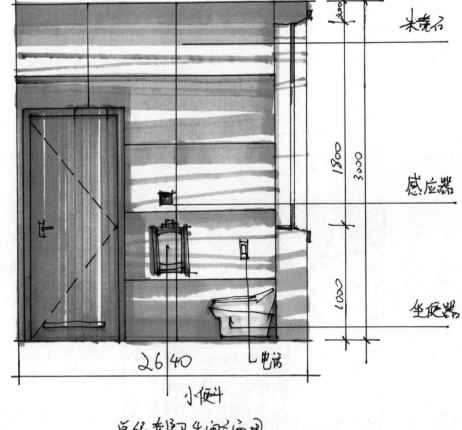

4. 厨房立面（一）

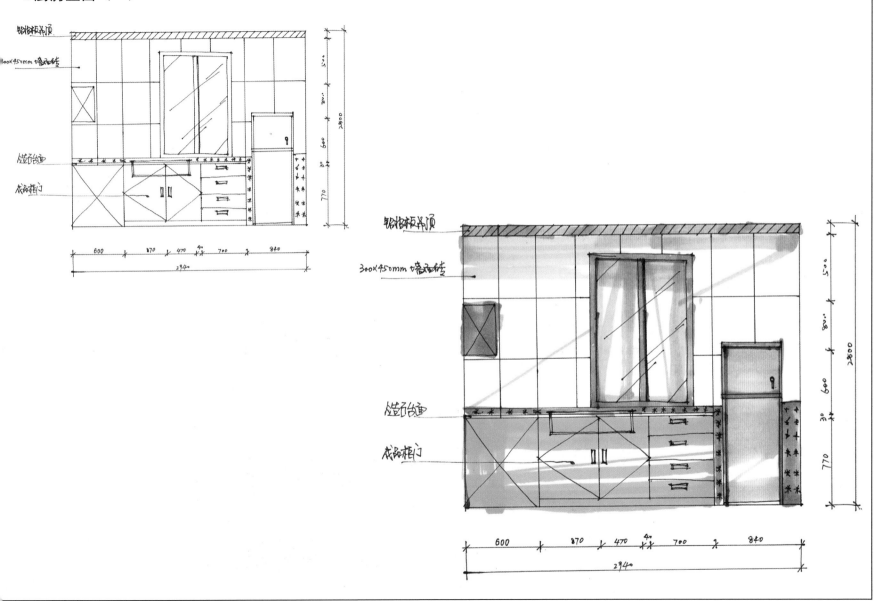

5. 厨房立面（二）

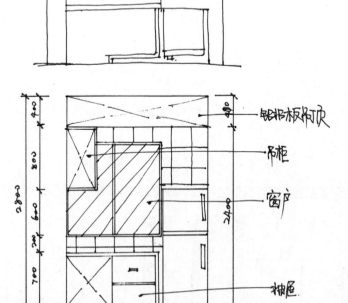

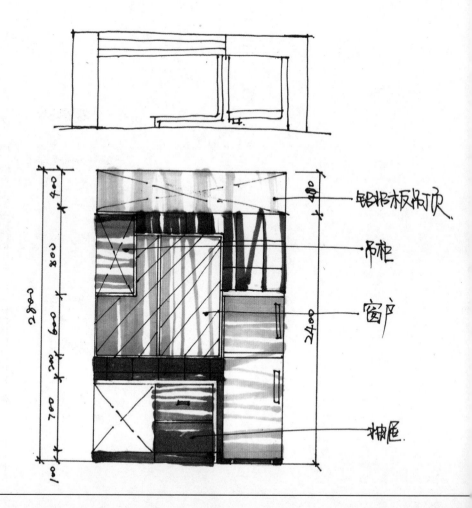

6. 客厅立面（一）

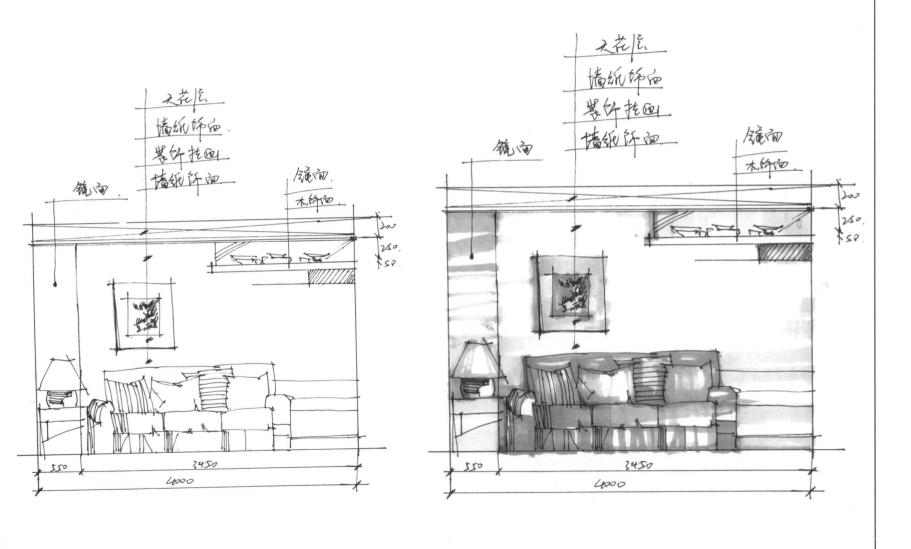

185

7. 客厅立面（二）

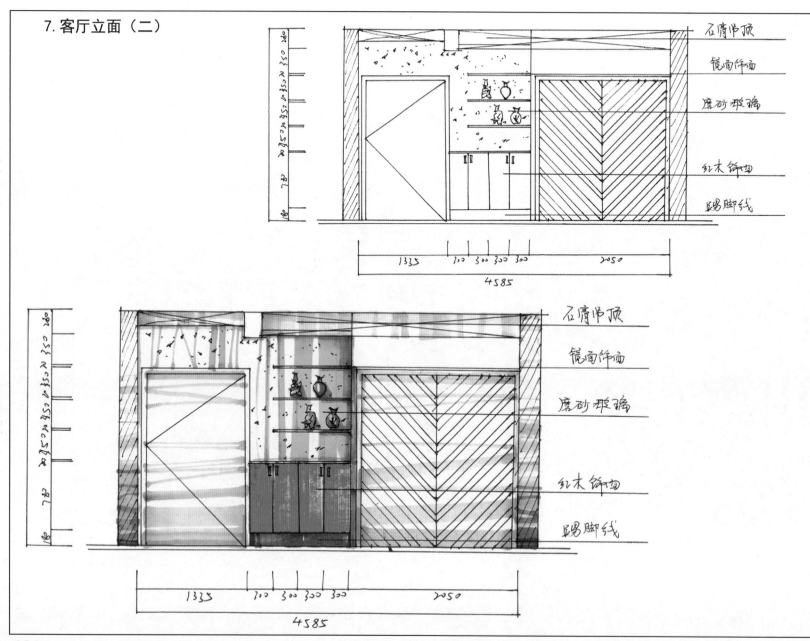

石膏吊顶

镜面饰面

磨砂玻璃

红木饰面

踢脚线

1335　　　300　300　300　300　　　2050

4585

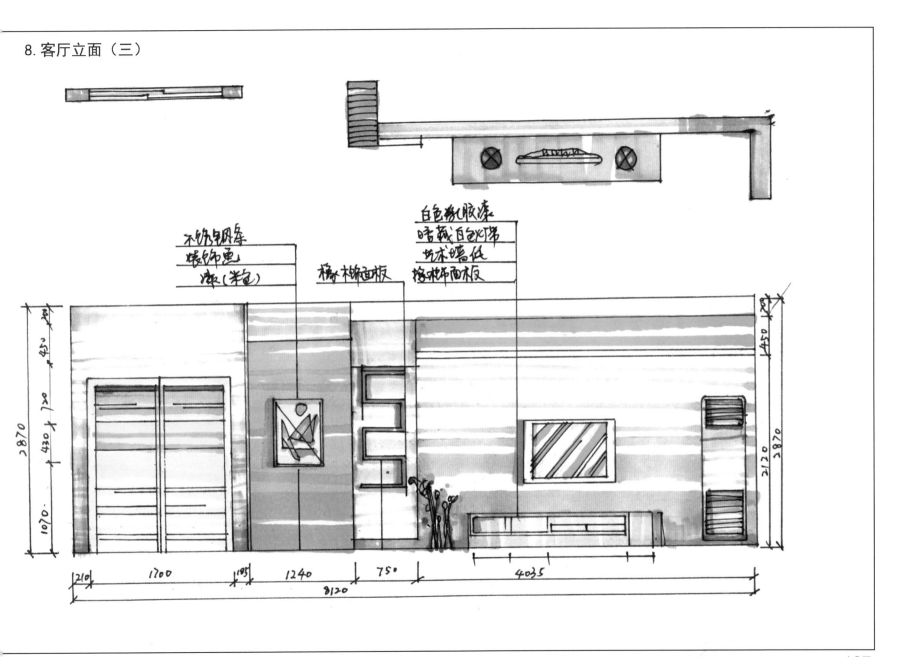

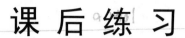

课 后 练 习

1. 先说出你对家居平面布局图和立面图的理解。
2. 选择本章一平面布局图，按步骤进行临摹。
3. 选择本章立面图，进行临摹练习。
4. 请画出自己家中平面布局图，然后上色。
5. 画出自己家中客厅、餐厅和卧室立面，并用马克笔上色。

第12章 商业空间表现

12.1 商业空间表现方法

学习了家居空间的手绘方法,也要学习一些公共空间的手绘。公共空间手绘难度更大一些,基本方法和流程与家居手绘类似。在画的时候也要注意透视正确,色彩和谐等要素。对于不同的商业空间,其基本表现方法和步骤基本相同,只不过不同的装饰风格,要突出不同的特点。

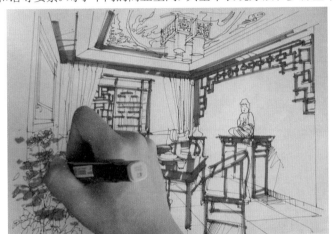

开始上色

整体铺色

细节表现

提出高光

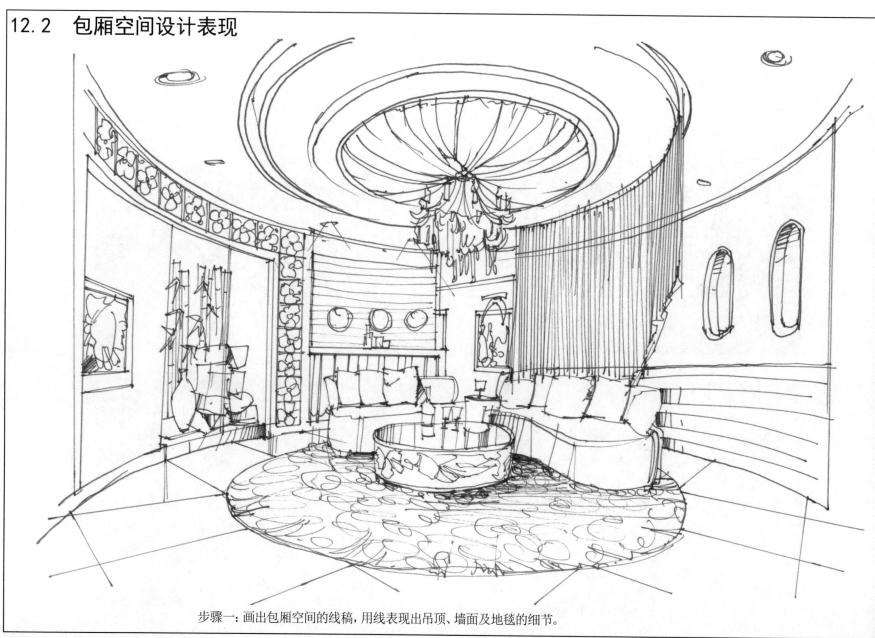

步骤一：画出包厢空间的线稿，用线表现出吊顶、墙面及地毯的细节。

步骤二：用马克笔上出墙面、地面、顶面和家具的大体颜色，初步确定空间的色调。

步骤三: 上出吊顶造型、地毯、绿植等的颜色, 然后完善墙面细节, 强化空间的效果。

步骤四：调整完善画面细节，用高光笔点出吊顶造型、帘子和地毯的细节，将画面表现充分。

步骤一：画出前台的线稿，用线表现出前台空间的装饰特点。

步骤二：用马克笔表现出前台、墙面、茶几和灯饰的大体颜色。

步骤三：上出镜子、地面及顶面的颜色，进一步完善画面效果。

步骤四：上出地面反光效果，然后用彩色铅笔和高光笔调整画面细节，将空间效果表现到位。

12.4 酒店大堂效果表现

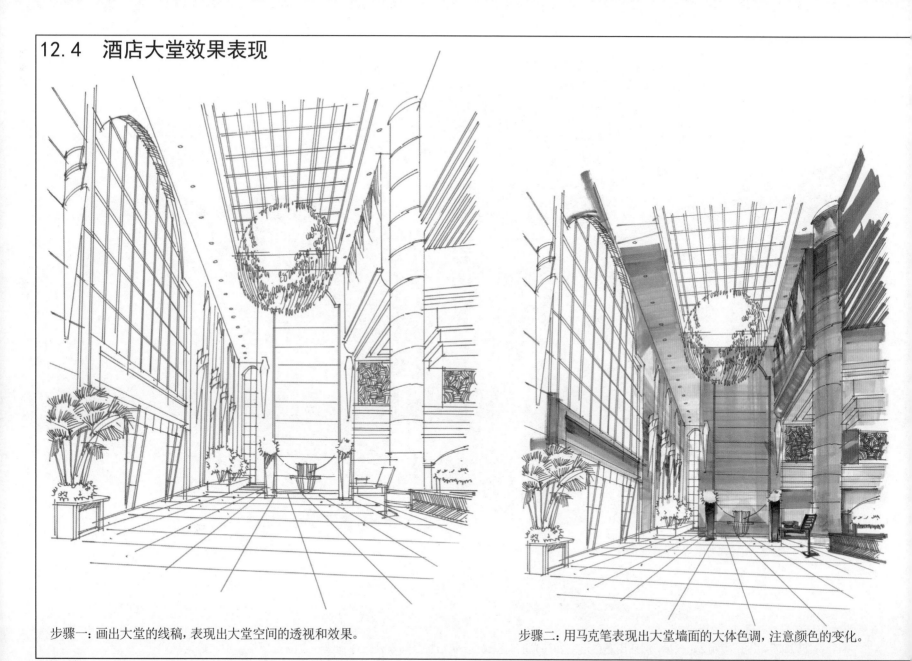

步骤一：画出大堂的线稿，表现出大堂空间的透视和效果。

步骤二：用马克笔表现出大堂墙面的大体色调，注意颜色的变化。

步骤三：上出大堂顶部灯的颜色，然后整体调整画面效果，用高光笔提出局部高光，充分表现出大堂的环境效果。

步骤四：上出大堂顶部和左侧玻璃的颜色，并在地面上一些环境色，将大厅空间颜色上完善。

12.5　酒店大厅设计表现

步骤一：画出酒店大厅的线稿，用线表现出大厅的空间效果。

步骤二：用马克笔上出一层酒店大厅的墙面、电梯、沙发及树木等的颜色。

步骤三：进一步上出酒店大厅地面、上面空间的颜色，表现出酒店大厅空间的氛围。

步骤四：用彩铅画出地砖颜色，然后用高光笔表现吊灯和电梯效果。

课 后 练 习

1. 了解商业空间和办公空间装饰和手绘表现特点。
2. 选择本章两个案例，按步骤进行临摹。
3. 选择几张办公空间图片，先分析其特点，画出线稿，再用马克笔上色。
4. 选择几张办公空间图片，用手绘方式表现出其效果。
5. 请设计一餐厅空间，并用手绘表现出设计效果。
6. 请设计一宾馆大堂空间，并用手绘表现出设计效果。

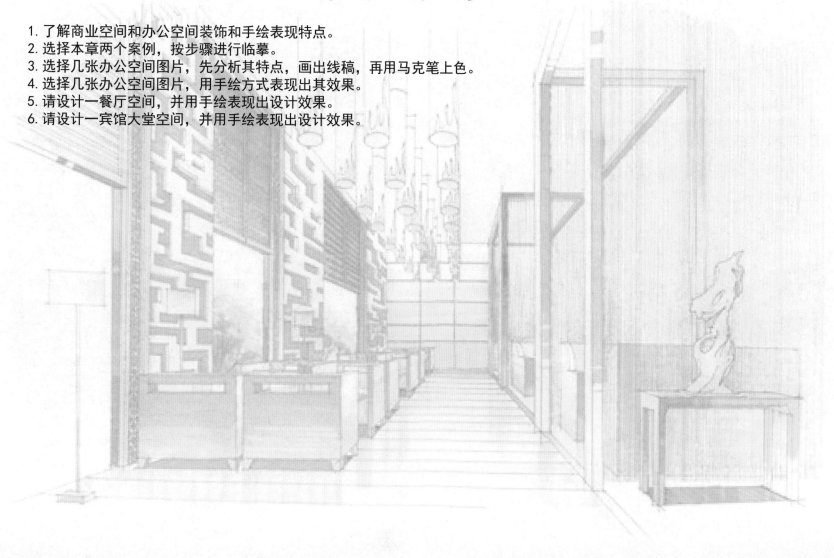

第13章 手绘表现作品欣赏

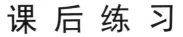

课 后 练 习

1. 简述手绘效果图的概念和特点。
2. 手绘效果图的工具有哪些？
3. 简述平行透视和成角透视基本原理，并加以应用。
4. 用线练习绘制简单的家具对象和简单的空间。
5. 请自己动手绘制不同款式的家具和陈设，并练习上色。

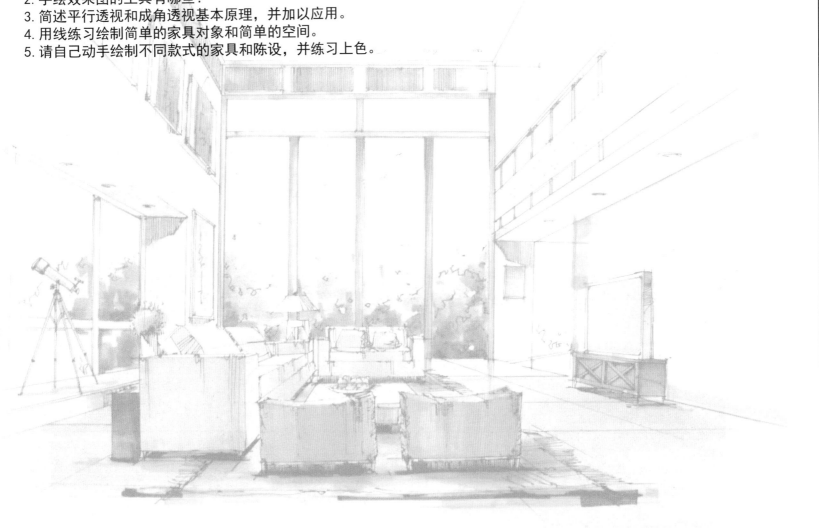

作者刘泽宇近照

刘泽宇，男，硕士研究生，一直致力于手绘创作。